ECHOES

我們和世界之間，最溫柔的回音。

狗狗想傳達的事

三浦健太

黃詩婷——譯

犬が伝えたかったこと

獻給所有愛狗的人。

在睡夢中吠叫的狗狗。
長吁短嘆的狗狗。
肚子朝天就會打噴嚏的狗狗。
在木地板上走得喀喀作響的狗狗。
肚子被摸得舒服到不行、就開始咬起自己前腳的狗狗。
太想吃零食、所以把會的特技從頭到尾秀一遍的狗狗。
想要有人陪牠玩而試著把腳放在球上的狗狗。
才起身拿起牽繩，就見牠已在門口等待的狗狗。
衷心期盼著吃飯時間、卻始終不懂悠哉享用的狗狗。
一被誇獎就等著你會給牠些什麼的狗狗。
用那帶著爆米花香氣的肉球按著你的狗狗。
光是家人回家，就渾身上下歡喜洋溢的狗狗。

狗狗真是奇怪。
有狗狗的生活，還真是有點煩。

但回過頭看，
又覺得有狗作伴真是太好了、每天都好開心！
要是沒有狗狗，許多事情我根本就不會留意吧。
路邊那綻放的花朵，與泥土的氣息。
漫無目的、就只是走路散步的舒適。
鄰里間擦身而過的人，臉上的笑容。
那些有點像是生存意義的東西。
以及，
這樣平凡無奇的一天，
其實是無可取代的幸福日子。

這個世界滿是溫柔，
這一點永不改變。
狗狗們總是全心全力地，
想要告訴我們這件事。

前言

狗與人類相遇，已有兩萬年的時光。

被譽為「地球上與人類最親近的動物」，牠們與我們之間，會產生出什麼樣的聯繫呢？

為了知曉真實的情況，我收集了許多愛狗家們「與狗狗的回憶」。這些愛狗之人，包含了現在有養狗的、以前養過狗的，以及沒有養過但喜歡狗的人們。

起初，我以為會收到許多暖心小故事，沒料到，收到的「與狗狗的回憶」當中，有成為改變飼主人生契機的狗狗、也有拯救了一顆破碎心靈的狗狗，以及讓分崩離析的一家人重新集結在一起的狗狗等，甚至還有那種帶來超乎想像貢獻的故事，實在令我非常驚訝。

這讓我重新體會到，無論被飼養在什麼樣的家庭，狗狗們都會告訴我們家人的重要，以及要懷抱樂於生活的心。

和狗狗一起度過的每一天，為何會對我們的人生，有如此深刻的影響呢？

當然不單純是「因為狗狗很可愛」、「因為狗的行為很有趣」之類的，而是由於隨著時間的推移，我們「終究會察覺到，狗狗的愛有多麼地深」。

我們實際與狗狗相處的時間，只是與牠們一起生活的一小部分。

即使是在我們心裡完全沒有想著愛犬的時候，牠們也始終對飼主傾注著那直率的愛。

那是在忙碌的日常中，往往被我們遺忘、卻依舊毫無保留的真誠愛意。

衷心希望大家能透過本書，重新體會到這一點，並將這份感動，轉化成自身的幸福。

三浦健太

目次
CONTENTS

おやつ

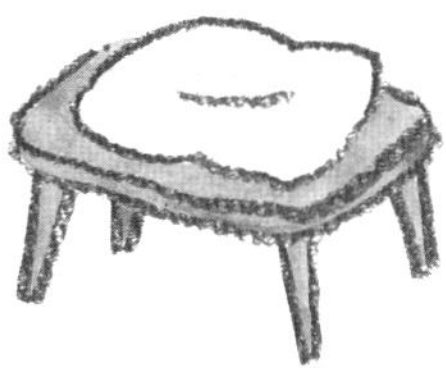

本書中介紹的所有故事，均改寫自眞人眞事。

STORY

01

貝兒

(Belle)

重要的，
只是此刻

狗狗的壽命不到二十年。有個說法是，「狗的一年，相當於人類的六年」。而在幼犬時期，狗狗的成長速度更是人類的十二倍。

拜獸醫學及適當飲食的研究日漸進步所賜，狗的壽命逐漸增長，但依然只有我們的五分之一左右。

牠們長得快，也老得快。所以從我們的角度來看，不免會覺得「狗的一生如此短暫」吧。

然而與我們不同的是，狗狗並不害怕變老。更準確地說，牠們根本不會去思考那麼久以後的事。

另一方面，過去曾體驗過的任何事情，牠們幾乎都會記得，只是也不會刻意去回憶。

狗狗啊，對將來或過去都不是很在意，心裡想著的，只是「現在」。

對狗狗來說，「現在」或說「當下」的重要性，遠遠超乎我們人類所能想像到的程度。如果硬要解釋的話，大概就是：「沒有任何『將來』，會比『現在』更重要。」

因此，牠們不會為了期待將來而在當下有所隱忍，也不會刻意回想過去而感到悲傷，反而忘記了重要的「當下」。

狗狗的腦中永遠只有一件事情，就是：「該如何在這當下獲得幸福？」

那麼，狗狗不斷追尋的幸福，又是什麼呢？

當然啦，能得到美味的點心與正餐，或者有趣的玩具，都非常幸福。

但是對狗兒來說，最棒的幸福，就是能在自己最愛的主人身邊好好地放鬆。緊靠在主人身上，讓主人輕撫自己，然後看主人笑著對自己說話。

正是狗狗們的這般姿態，讓我們得以重新意識到：「沒有比『當下』更重要的時刻了。」

光是活著，就值得驕傲

——飼養十歲法國鬥牛犬（♀）的三十五歲男性

我任職於一家生產電子產品的大型企業。

在確定能進入這家公司工作的當下，我真的壓根兒沒有想到，自己居然也會有這麼一天。

由於公司的液晶電視、手機、半導體等產品，面臨全球市占率低迷的問題，在此影響下，公司業績一路下滑，沒過多久就開始整頓人事。跟我同時期進入公司的人，將近一半都已離開了公司。

而我除了同齡的妻子外，還有個剛要六歲的女兒。

為了家人，我絕不能讓自己就這樣斷了生計，所以相當焦急，想著要盡快安排好下一份工作。只是我太容易受到壓力影響，健康狀況很快出了問題；再加上，我也不認為自己這把年紀，還能找到用相同薪資福利雇用我的公司，所以始終沒有好好起身行動。

另一方面，我一直沒有開口告訴妻子自己目前身處什麼狀況，因為我覺得，要是一提起這件事，肯定會讓整個家都愁雲慘霧。

結果就是，我只能獨自抱著這煩惱，在家裡假裝一如往常，卻每天都痛苦得要命。我甚至曾經想著，要是我能消失在世界上的某個角落，那該有多好；或者選擇拋棄家人、到某個不知名的小鎮上重新來過之類的。明明腦袋裡也很清楚，都已經走入如此的死胡同了，乾脆跟家人坦白不就好了嗎？然而，一看見開朗且笑容明媚的妻子和女兒，我就是沒辦法開口談這件事。

偏偏就在現狀如此嚴苛的時候，又發生了雪上加霜的糟糕事。

我們家的法國鬥牛犬開始有些不對勁。

那天，貝兒悠悠哉哉地走進我的書房。貝兒出生以來，我就有規定牠不許進入書房，所以本以為牠只是偶然闖入，就把牠拎回了客廳，結果沒多久後牠又走了進來。這樣的情況，一天之內發生了好幾次。

就在我們夫妻開始覺得這實在不太對勁以後，貝兒開始做出一些讓人難以理解的行為，像是朝著牆壁吠叫、隨地大便、在原地一直繞圈圈等。

最確定有問題的，是某天女兒在摸貝兒的頭時，牠卻突然對著牠在家裡本來最親近的女兒齜牙咧嘴。

後來我才曉得，狗狗也會有失智症，也就是俗稱的老年痴呆。貝兒和女兒一同長大，所以總讓我們覺得牠還年輕，但不知不覺間，牠其實已經是十歲的老狗了。

自從遭貝兒威嚇，女兒可能受到驚嚇，在我上班時間，她也會一直傳訊息給我，說「我被貝兒咬了」、「貝兒跑出去外面了」、「貝兒尿尿在床上」之類的。

然而貝兒是如此拚命地想活下去。

走到牠身邊時，牠即使躺著，還是會對我們搖尾巴；手捧飼料到牠面前，牠也會抬起頭來慢慢地、有些艱難地吃下去。但隨著貝兒的失智症越來越嚴重，牠的身體也日漸虛弱。牠的毛髮變得乾枯毛躁，所有行動都非常遲緩。大多數的時間裡，牠只是用那混濁、半睜著的雙眼望著半空中，躺在那裡度過一整天。

看見貝兒這副模樣，我們夫妻倆也下定決心，彼此商量好：「就趁現在，盡可能讓貝兒做牠想做的事吧。」

同時我們也討論起，要如何照顧我們那每天哭著說「貝兒不是貝兒了」的女兒的心情。

這天，很難得女兒一整天都沒有傳任何訊息給我。

所以在下班前收到女兒的訊息時，心裡總有種不是很好的預感。我擠出了所有勇氣，才打開那封訊息。

結果居然是……

「貝兒便便了♪」

怎麼是這種內容。

訊息裡還附了三張照片給我。

第一張是貝兒用一種彷彿相撲選手上場的姿勢，站在清潔墊上。

第二張的貝兒高舉前腳，跟笑咪咪的女兒擊掌。

第三張則是一臉驕傲、看著鏡頭的貝兒。

我忍不住脫口而出：「這是怎樣？」

大個便而已，這狗怎麼一副自己多了不起的樣子啊？

說著，我不禁打從心底笑了出來。

只為了這點小事，為什麼牠能這麼努力呢？

看著這幾張貝兒的照片，我逐漸覺得，一切都無所謂了，先前我獨自煩惱的那些事，根本算不得什麼，心上的負擔轉眼間就變得雲淡風輕。

一旁的前輩問我：「是有什麼好事嗎？」我下意識收拾好神情，一臉嚴肅地回答他：「貝兒大便了。」對方錯愕地回應：「什麼鬼？」

他也笑了。

辦公室裡，忽然一片開朗。

訊息還沒完，後面是：

「爸爸也不要輸了喔！」

還有一個碰拳的貼圖。

想來在家人面前，我的臉色一直都很難看吧。

我看著手機螢幕，眼前一片模糊。

越活越覺得，

希望可以和這些人再多過一些日子。

STORY

02

幸運

(Lucky)

永遠直率

狗狗只要喜歡上一個人，就會喜歡一輩子。

就算後來被對方冷落、欺負、得不到好臉色，只要喜歡上那個人以後，就永遠不會討厭他。

不會恨那個人、不會記仇、也不會離家出走。

狗狗只會一直等著，等著那個人，回到從前還喜歡自己的那個時候。

相反地，一旦狗狗判斷自己「討厭」那個人（或狗）的話，之後要讓牠們回心轉意、去「喜歡」上那個對象，可就非常困難了。

雖然並非絕對，但若是被狗狗討厭，要再讓牠喜歡上你，往往需要付出相當大的努力，以及長時間的耐心。

話雖如此，身為狗狗的飼主，其實不太需要擔心這種事。

畢竟住在一起、吃飯也一起、走路還是在一起，狗狗幾乎不會討厭生活起居都在一起的主人。

基本上來說，狗狗最喜歡的，就是跟牠們有著相同生活節奏的夥伴。

人們會說「媽媽不喜歡不聽話的孩子喔」、「那人認真起來就使命必達，所以對他很有好感」諸如此類的話。

可是對狗狗來說，牠們難以理解這種思考方式。

狗狗判斷喜歡還是討厭的標準，根本毫無邏輯可循。

也就是說，牠不會因為誰為我做了什麼、或不做什麼之類的理由，而喜歡或討厭對方。

對狗狗來說：因為喜歡，所以喜歡；因為討厭，所以討厭。

就是這麼直率。

沒有任何盤算，僅憑感性而生。

很多人常會斥責自己的愛犬。

因為狗狗做出人們不喜歡的行為，於是主人就想透過斥責去改變牠們。

然而，和常常被罵、僅偶爾被稱讚的狗狗相比，常常被擁抱、被稱讚的狗狗，更可能與人心意相通。

也就是說，牠們更容易做到主人希望牠們做的事。

無論是多麼愛叫的狗、淘氣的狗，或表現冷淡的狗，牠們都最喜歡主人了。

此時此刻，牠們也一直痴痴地等待著主人的溫柔。

呼喚幸福的話語

——飼養四歲邊境牧羊犬（♂）的十五歲女孩

媽媽從親戚家接回那隻剛出生的邊牧幼犬時，牠的美麗，讓我一時之間看得入迷。

牠淺棕色與白色的長毛是那般柔順，又有著俐落的臉龐、尖尖的鼻子與澄澈的雙眼，是隻宛如王子般的狗狗。

我還在想著，要叫牠「亨利」好還是「愛德華」好呢？小我許多的弟弟卻提議「叫牠 Lucky（幸運）好了」，大家隨即決定就叫牠「Lucky」。只有我一個人拚命喊牠「亨利」，但不管怎麼叫，牠都不理我，最後還是只能跟著叫牠「Lucky」了。

Lucky 是非常溫柔的狗狗，而且特別黏老爸。爸爸下班回家以後，牠總是繞著爸爸身邊打轉。

牠實在太過黏人，爸爸也因為這樣，常常差點就被 Lucky 絆倒。每次遇到這種情況，他就會生氣大喊：「要摔死啦！Lucky！」而我總是在後面偷笑，暗自吐槽。

由於爸爸媽媽都要上班，所以做晚餐、照顧弟弟等，自然就成為我的工作。同學們常說我這樣「好辛苦喔」，但我覺得，其實也沒有那麼糟啦。鄰居的阿姨們知道我會分擔家務，總是親切地和我打招呼、幫我做飯，有多的小菜也會和我們分享，有時還會稍微幫我照顧一下弟弟。

不過，到晚上就真的有點不容易了。

爸爸每天下班都很晚回家，媽媽總是為了這點跟他吵架。我想爸爸為了工作，肯定累到不行吧。每次他喝醉之後，就全然不記得發生了什麼。那時的他跟平常不大一樣，讓人有些害怕。

有天早上，我發現站在廚房裡的媽媽，嘴角似乎受了傷。她眼睛周邊看起來也紅紅的，雖然媽媽說自己「只是不小心摔倒撞到了」，但很明顯絕對是在說謊。

弟弟還是笑著說：「媽媽也真是迷糊！」而我卻震驚得什麼話也說不出來。

此後又過了幾個月，我和弟弟偷偷準備著驚喜，希望能讓媽媽打起精神來。我們把家裡的燈全都關了，想說等媽媽回來，就讓弟弟端著插好蠟燭的蛋糕，從裡頭走出來。這是要幫媽媽慶生的計畫。媽媽總是在同樣的時間回到家裡，所以那天我也比平常早了一點回家。

只是還沒到預定的時間，我們就聽見家裡有其他聲響，於是急忙拿出火柴、點起蠟燭，結果又聽見「咚」地好大一聲。然而，這聲音卻不是從玄關傳來，而是從二樓傳來的。

難道有小偷？我們戰戰兢兢地上了二樓，在燭光下現身的不是小偷，而是搖著尾巴、站在那裡的 Lucky。

還有一臉尷尬的爸爸。

他的手上提著禮物袋。

「我被 Lucky 絆倒啦。」

爸爸也比平常還要早回來，想給媽媽一個驚喜。

那天的晚餐吃得非常開心，爸媽也和樂融融地聊天。我心裡想著，要是每天都能這樣吃晚餐就好了。這陣子，爸爸好像都是在我們睡著以後，才帶 Lucky 出去散步。如果沒帶 Lucky 去散步，牠就會一直舔爸爸的臉，讓爸爸沒法入睡，只好乖乖帶牠出門。但對爸爸來說，老是在三更半夜散步遛狗實在太累人了，所以他似乎也想著要少喝點酒，早些回家。

要是沒有 Lucky，也許爸爸的暴力行為會越來越嚴重。這麼說來，Lucky 可是立了大功呢。

正當我摸著 Lucky 的長毛，弟弟突然開了口。

「Lucky 來我們家的那天，我就想著，一定要叫牠『Lucky』。」

「為什麼？」一家人都看著弟弟的臉。

「因為『Lucky』聽起來就很讓人開心不是嗎？一家人都 Lucky、Lucky 地叫，大家都會很開心吧。」

聽了弟弟的話，我恍然大悟。雖然我總是非常努力，不想讓弟弟也擔心起爸媽的事，但其實弟弟自己心裡，也是想了很多很多的。

爸爸說：「這麼難得，我們就一起帶 Lucky 去散步吧。」

媽媽的神情有些不知所措又有些開心，隨後就跟爸爸一起出門散步了。
「Lucky？你在哪裡？唉呀在這裡啊。」

家人不是與生俱來的，
而是一點一滴、慢慢培養而來的。

STORY

03

費洛斯

(Philos)

狗狗想要的，是每天「都一樣」

狗狗和人，其實很不一樣。
尤其體現在「比較」這個行為上。
人類實在是非常喜愛「比較」。
自己與他人、我們公司與其他公司、我家孩子與別人家的孩子。
我們會比較誰比較有優勢、誰比較快、誰更有價值之類的。
除此之外，還會比較早與晚、昨天與今天、今年與明年這類時間方面的內容。
因此重複做一樣的事情，人類就會覺得厭倦。
如果一直待在毫無變化的環境，就會感覺無聊，甚至令人感到痛苦。
對人類的進步來說，這點是必要的。
正是因為會「比較」，人們才有了夢想與希望，也因此催生出，想要起身開展新行動的心情。

但是，狗狗不一樣。
狗狗本就不太會「比較」。
如果所處的環境足夠舒適，那麼牠們就希望盡可能不要有任何變化。

在一樣的時間起床，在相同的時間吃飯；走在同一個路線上散步，也同樣地對眼前這位主人撒嬌。

這樣的生活，不管重複上多少天，都不會覺得厭倦。

甚至可以說，這般完全沒有變化的日子，反而能讓狗狗覺得萬分安心。

光是能感覺到季節的推移，或主人身上的細微變化，對狗狗來說就已非常幸福。

狗狗想要的，是始終不變的環境，以及主人穩定的愛，僅此而已。

就算不能去主人跟狗狗一起住宿的飯店、不能去狗狗可以玩耍的主題樂園，這都沒關係。

沒有什麼特別美味的餐點可以享用、看不到漂亮的夕陽，也沒有問題。

只要有眼前主人那「不變的愛」，狗狗就心滿意足了。

「以不變的愛對待牠」，這句話說起來是很簡單。

然而，對於每天穩定生活就容易感到厭煩的我們這些人類來說，要對愛犬維持剛開始養牠時相同的愛，也許意外地有些困難。

就像是狗狗面對主人那樣，主人們也請在每天早上都用新鮮的心情，看看自己的愛犬吧。

妻子散步的那條路

——飼養十四歲米克斯（♂）的六十五歲男性

今天也覺得鎮上冷冷清清。

就算在家附近跟人擦身而過、在商店街上買東西、甚至聽見了運動會或盂蘭盆祭典的聲音，也都覺得跟自己毫無關係。

一年前，我的妻子去世了。

妻子是相當活潑的人，她會和這裡的人一起打網球，還積極參加茶會、登山會、能樂鑑賞會等等。

我個性比較內向，沒能和鄰居交上朋友，除了工作以外，也沒什麼特別的興趣或生活目標，所以一到假日，就整天在家看電視。

在當地工廠工作四十多年後，如今的我幾乎每天都待在家裡。

面對這樣的我，妻子想必也覺得不耐煩吧。

當兩個人都在家時，總感覺萬分尷尬，就算妻子提起話題要聊天，也沒辦法講下去。我常說「妳想出門去哪兒就去，沒有關係」，妻子卻只是搖搖頭。到頭來，我也沒有留下什麼與妻子共度時光的回憶。

妻子和我不一樣，她有許多朋友、有自己的興趣、也對地方活動抱有熱忱，是那種可以獨自過活的人，所以我也有些後悔，沒有早些和她去辦什麼所謂的「熟年離婚」。

就算只是過世前爹爹數年，如果能讓她更自由一點，我想，她也會過得更幸福吧。

唯一留給我這孤家寡人的，就是這條狗了。

妻子在十四年前，把牠從一場狗狗認領會上帶回來，很是疼愛。牠的名字叫費洛斯。

妻子每天早晚都會非常高興地帶費洛斯出門散步，而我則幾乎沒有照顧過牠，所以費洛斯跟我也不太親。

妻子死後，我也只做到了最低限度的照顧，也就是餵牠狗食、給牠坐墊、幫牠換清潔墊而已。

老了的費洛斯就躺在那裡。

費洛斯。就算我喊牠名字，牠也沒有反應。牠時不時會重重地嘆一口氣，彷彿剛剛忘記了呼吸。

我想對這隻狗來說，我的妻子就是牠的一生吧。沒了主人，餘生也就了無生趣，牠的這般態度，讓我有種難以言喻的心情。

我忍不住將牠衰老的樣子，和自己重疊在一起。

雖然說已沒有什麼生存意義可言，可難道就只能這樣等待人生結束嗎？

這樣真的可以說是活著嗎？

莫名生起氣來的我，拉出了原本和妻子遺物一同收起來的牽繩。

我決定帶費洛斯出去散步。

儘管牠是頭一次跟我出去散步，卻絲毫沒有停下腳步、或者蹲下來的樣子，就只是安然地往前走著。走在兩旁有花朵綻放的道路、穿過小小的公園、從那帶著狗們在咖啡廳露天座位區休息的人們面前通過。

我想，這一定是妻子帶著牠走過無數次的散步路線吧。雖然牠的動作非常緩慢，牽繩的那一頭卻很清楚傳來牠向前走的意志。我只要跟在牠後面走就行了。

走進商店街，豆腐店老闆喊著：「唉呀，是費洛斯啊。」豆腐店似乎發現了飼主是不同的人，但還是說了句：「你今天也來散步啊，太好了。」之後向我點頭打了招呼。費洛斯悠悠哉哉地走向豆腐店老闆的腳邊，用力把鼻子湊了過去。

再走了一小段，又聽見有人喊：「費洛斯？」回過頭看，是一位帶著小型犬的老婦人。「你跟爸爸出門啊？太好了。」老婦人溫柔地摸摸牠的頭，費洛斯瞇起了眼睛，似乎非常舒服。

再繼續走下去，一群孩子一邊喊著「費洛斯、費洛斯」，一邊跑了過來，拚命摸著費洛斯的背和脖子。費洛斯搖著牠短短的尾巴回應大家。

費洛斯的散步路線，我先前完全無從得知，但這應該就是妻子生前曾見過的風景吧。

沒多久，我們走到了河岸邊的堤防。

老狗左右搖擺著大大的屁股往前踏步，對花花草草、電線桿、掉落在路邊的東西都有興趣，牠會將鼻子湊過去，有時候還像是要說些什麼似地回頭看看。

我也被費洛斯帶著，在堤防上眺望著景色。

你追我跑的孩子們、打羽球的一家人、慢跑的年輕人。

眼前是一條大河流過，河面上金光閃閃，反射著夕陽。

費洛斯忽然啪噠一屁股坐在河邊的長椅前。

可能是累壞了，但看起來更像是牠一直以來都是這麼做的。

沒辦法，我只好跟著坐在長椅上，接著就聽見了鏘——、鏘——的金屬研磨聲。

那是我早已習慣的聲音，那總是在耳邊迴盪的聲響。

是我最喜歡的聲音。
閉上眼，淚水滲出眼眶。
這個地方，就在我工作的小鎮工廠後方。
我老婆總是在這裡休息嗎？
我的腦中浮現了費洛斯和眺望著工廠的妻子。
費洛斯向我展現了友好的愛。
一旦獲得了牠的愛，那份情感就永不消散。

就算不交談，
也想一直在你身邊。

STORY

04

阿秋

(Aki)

狗狗帶來的健康

對於狗狗來說，散步是每天不可或缺的重要功課。

散步除了能讓狗狗適度運動以外，也具備穩定心情和減輕壓力的效果，同時也讓狗狗和飼主之間，有了溝通交流的機會。

開始養狗以後，為了要帶牠散步，你的日常生活勢必會變得非常有規律，而且適度走路對維持健康來說，也是相當有幫助。

據說和狗狗一起生活的家庭，都不容易有感冒、拉肚子等比較輕微的疾病。實際上令人驚訝的是，許多人都表示，自從開始養狗之後，「過去幾年來都不曾感冒過」。

和狗住在一起的優點，可不單單只有健康。

就連孩子的未成年犯罪率、還有夫妻的離婚率，也都會降低。

當然，這並不是說狗狗具備什麼特殊能力，而是因為家裡有狗狗在，就更容易產生能跨越年齡和性別的話題。

隨著孩子們的年齡增長，他們的思考方式、喜歡的東西以及感興趣的事物，都會有所改變。

放學後，就算回到家裡，孩子和爸媽的共通話題也會逐漸減少。

即便如此，對於愛犬的喜好和話題，無論是哪個年代的人，那都是一樣的。

這點不僅適用於親子之間，也適用於男女之間。

就算是經歷轟轟烈烈戀愛後結合的夫妻，在長久的歲月中，不論是興趣還是關心的事物，也都會慢慢變化；等到孩子獨立、兩人都退休，家裡已經沒什麼話題好聊的時候，愛犬卻始終能為他們提供共同的話題。

此外，現代的狗已經不會自己狩獵了。

所以無論肚子有多麼餓，都會痴痴等著我們給牠們飯吃。

也就是說，狗狗們其實是把自己的性命，交在我們飼主手上的。

如果我們不照顧牠，那牠就會死掉。

這種狗狗「把命都交給我了」的自覺，讓我們清醒地意識到自己的生存目的和意義。

對於已經辭掉工作、失去生存意義的高齡人士來說，和狗一起生活，等同於要擔負起另一條性命，這是非常重要的工作。

狗狗不只能增進我們的身體健康。

還給了我們說不完的溝通話題、催生出生存的意義，自然也增進了我們的心靈健康。

不想被拿走

——送出零歲吉娃娃（♂）的三十八歲女性

難得回老家一趟的我，正幫忙打掃庭院。

爸就坐在緣廊上，單手拿著書、緊盯著將棋盤，一如往常。

爸始終沒有外出的契機。

在剛退休的那陣子，他會去附近的圖書館、購物中心還有大型澡堂等，過著無憂無慮的自在日子。

但那種生活過不到一年。

畢竟已經幾十年都只在自家和職場之間來回，所以他說：「忽然跟我說去哪裡都行，可我也實在不知道可以去哪裡。」

等到外出的靈感都用完以後，他就幾乎足不出戶了。

爸就這樣開始過著孤獨的退休生活。

我很擔心再這樣下去，他會罹患失智症之類的。

於是乎，我決定採取行動。

在爸的生日那天，我送了他一隻從我朋友那裡接來的吉娃娃幼犬。

畢竟要帶狗散步的話，就一定得出門。

我想著，這樣應該能讓爸的生活多點彈性。

不過，爸真的是個非常頑固的人。

先前我曾提議過「要不要去旅行？」「要不要參加鄰居的聚會？」「找個新的興趣如何？」還拿了許多介紹手冊給他看、提了許多建議，每次都被他拒絕。

就算已經把吉娃娃抱到他面前，爸還是拒絕，說什麼：「誰要養狗啊。」

他甚至跟我說：「我才不需要女兒操這種無謂的心。」

我想他肯定是覺得自尊受到傷害。

但我可不打算反省。

我們就這樣吵架吵了一個小時，我還哇哇大哭、完全就是感情用事，不過至少我的心情還是有傳達出來。我一五一十地把我擔心爸這樣下去很可能會變痴呆、又或者心靈會生病之類的，這種擔心得要命的心情，都一口氣傾吐出來。

當我哭著打算把小狗狗帶回去時，爸才開口：「放著吧。」

在那之後好一陣子，我們都沒有連絡。

所以爸打電話過來時，我還真是嚇了一跳。

他告訴我：「我叫牠阿秋。」

還真無趣，畢竟我媽叫夏子，而我是春香。

爸的聲音聽起來很平穩。

據說自從養了阿秋後，他要做的事情就變多了。

散步時會遇到其他狗主人，所以也就多了幾個聊天對象。

他還與其他飼主建立起了連繫，慢慢覺得，這樣好像也挺開心的。

還有一次，爸發現庭院裡有個洞。

因為覺得奇妙，所以挖開來看了一下，居然有個小袋子。

打開一看，裝的是將棋的棋子。

犯人自然是阿秋。

爸想著為什麼會這樣呢？查了一下才發現，這好像是過往野生動物習性殘留至今的關係。

過去的牠們因為沒辦法隨時找到食物，為了把東西留到之後再吃，就會先挖個洞，把食物埋起來，好讓其他動物沒辦法找到這個東西。

那為什麼要把將棋的棋子藏起來呢？為什麼會覺得不想讓其他人拿走這個東西呢？

爸說，他不管怎麼想都搞不懂。

不過那時候，倒是覺得狗還真是有趣啊。

爸說完這些後，又在電話那一頭，跟我清晰地說了聲：「謝謝。」

看來爸的將棋殘局還沒解完呢。

阿秋已經在老爸腿上完全放鬆地睡著了。

對你來說很重要的東西，
對我來說肯定也很重要。

STORY

05

你這傢伙

(Omae)

狗所認知的名字

名字這個東西，承載了各式各樣的願望。

當然，對於我們人類來說，「名字」是非常重要的。然而在日常生活中，感覺它好像又沒有那麼要緊。這幾乎就是用來作為識別個人的記號罷了，約莫就是這種感覺吧。

另一方面，對狗狗來說，牠們「自己的名字」有著稍微不同的意義。狗狗會在那「喊到我名字」的聲音中，感受到飼主的愛，以及情感的強弱。

感受相當敏銳的狗狗，會透過人類聲響裡那些許的差異，判斷出說話者對於自己是否有愛、是毫不在意或是對牠有攻擊性。並且，除了這些情感差異外，牠們甚至能感受到程度上的不同。

也就是說，只要你喊了牠的名字，那隻狗就能夠知道你喜不喜歡牠，是有一點點喜歡還是愛到不行，飼主在那一天、那一瞬間的感情，牠馬上就能明白。

對於狗來說，話語重要的，不在於「意義」而是其「聲響」。

人類的言語是非常方便的工具，唯一有個缺點就是「能撒謊」。

不明白語言意義的狗狗們為了瞭解我們的心情，會讀取我們眼中的光輝、體溫、心臟跳動、體味變化等情報。

言語雖然可用來撒謊，但是體溫和體味無法偽裝，所以狗狗總是能夠讀取我們的真心。

因此面對愛犬，我們假裝做些什麼或演出什麼樣子，恐怕都沒有任何意義。想要和狗狗分享心情，就只能真心以待。

我們和狗不一樣，或許沒辦法一天二十四小時，都對牠們全然投入地愛。所以，至少在呼喚愛犬名字時，請在那話語的聲響中，放入你最多的愛吧。

我們人類從小時候就知道「人會說謊」這件事。

因此平常除了在與他人的對話以外，下意識地也會在報紙、電視、電話或信件當中，試圖發現其中隱藏的謊言。

尤其是文明進步的社會，從一早起床到躺下睡覺為止，我們的眼睛與耳朵會接收各式各樣的話語，我們醒著的時間，幾乎都在判斷「這句話是真是假」。

這對我們來說是相當大的壓力、也讓我們感到痛苦。

然而回家的時候，上前迎接我們的狗狗，牠們的動作不會有任何虛假。百分之百是真實的。

因此和狗狗一起生活的人，能放下心來解除精神警戒，享有一段安逸的時光。

溫柔的遺失物

——與三歲大白熊犬（♀）相遇的二十九歲男性

某個炎熱的夏天，一件非常大的遺失物，被送到了派出所來。

「你這傢伙還真是大隻耶。」

先前也曾有狗或貓被當成「撿到的東西」，送到派出所來。不過我還真是第一次遇到有人撿來這麼大隻的狗。

為了要做紀錄、寫報告書，所以我詢問了帶狗散步的人，聽說這是一種叫做「大白熊」的狗。

這隻狗身上非常髒，本該是白色的狗毛，現在看來簡直跟長年使用的抹布沒有兩樣，牠走進派出所的瞬間，整間屋子就充滿了狗狗身上的獨特氣味。

其實我有點怕大型犬，因為在孩提時代，曾經被我家附近的哈士奇追著跑到哭出來。我只能硬著頭皮、懷抱著以一名警察來說實在丟臉到不行的恐懼心情，將這超大隻的狗拴在派出所前。

就在我拴狗的時候，路人都看了過來。這麼顯眼的狗，在這附近應該很有名才是。我想，飼主應該很快就會過來找牠了。

遺失物放在派出所的時間，固定是一個星期。

過了這段時間以後，物品會被轉送到總務課，如果是生物，就會由衛生所的員工過來接手。我想著，最多也就是忍這一星期了。

但是過了三天，還是全無牠的主人音訊。飼主也許是忘了狗的存在，長期都不在家。又或者是刻意遠道而來，把狗遺棄在這片土地上。無論如何，我一直很在意一旁的狗，根本沒辦法好好集中精神工作。而且，牠絲毫不介意踩在牠自己的大小便上、甚至還會直接坐上去，所以那臭味也變得越來越令人難受。

那時我就連吃個便當，都得要維持用嘴巴呼吸。沒想到，住在派出所隔壁的婆婆卻拿來狗用的刷子和洗髮精問我：「你要不要拿去用？」我根本不想碰那隻狗，所以馬上就拒絕了。然而對方卻說：「這附近都很臭呢，再放著不管的話，會被人家說妨礙周遭環境跟虐待動物唷。」婆婆的語氣聽起來像是在開玩笑，但她的眼裡卻完全沒有笑意，我只好乖乖借她家庭院來洗那隻狗。

對於我這種膽小鬼來說，要洗這麼大隻的狗，所需要的勇氣，幾乎就跟要追上可疑人士一樣多。

近看牠簡直跟北極熊一樣，我一邊非常不安地想著，要是牠忽然暴躁起來該怎麼辦啊，同時也只能戴上粗棉手套，開始努力幫狗刷毛。

狗狗一直盯著我的臉看，也看著路過的小學生們。我用力刷過那粗糙打結的狗毛，狗似乎舒服地瞇了瞇眼睛。之後我把牠帶到庭院的水龍頭旁，試著讓水管流出一些水，狗略略往後退了一步。不過水管靠過去後，牠感覺又沒有很害怕的樣子，於是我就幫牠全身打濕，用兩手努力把洗髮精擦上去。牠一直都很乖。洗著洗著，我覺得自己不是在洗狗，根本就是在洗車吧。我一個不小心，把洗髮精抹到了狗的臉上，結果牠那巨大的身體猛然魄力十足地抖了抖，大量水花就這樣到處亂噴。

「你這傢伙！喂！你這傢伙！給我乖一點！」

我下意識地用兩手遮著臉大叫，外頭正探頭看著我們的小學生們，便大笑了起來。

身體變乾淨的狗舔了舔我的鼻頭。

我嚇到一屁股跌坐在地上，結果又被小學生們笑了。

我想著要讓牠身上乾一些，就把牠栓在派出所前能照到陽光的地方，那狗很放鬆地躺了下來。看見牠的過路人都會試著跟牠說話：「你好大隻喔。」或者向牠伸出手。

牠也非常受小學生們歡迎。

「欸，這傢伙叫什麼名字啊？」

「我不知道牠叫什麼耶。」

「那可以幫牠取名嗎？」

「不可以。要是取了新的名字，會給本來的主人添麻煩吧？」

「那警察叔叔你都是怎麼叫牠的？」

「你這傢伙……吧？」

「你這傢伙？好奇怪喔。」

「你這傢伙」似乎搖著尾巴，聽我們說這些話。

聽說派出所暫時收著一條大白熊犬，附近喜歡狗狗的人也都跑來，告訴我「得要在比較涼爽的時間帶牠去多散步喔」，或者「牠非常不耐熱，最好讓牠待在有冷氣的地方」，要不然就是「要很常幫牠刷毛」等等各種建議，我光是應付這些人就忙到不行。

也許是因為如此忙碌，一星期後衛生所的廂型車來的時候，雖然我外表依舊維持警察風格，敬禮表示「您辛苦了」，但心裡根本沒有做好準備。

我出來迎接衛生所人員。

白色大狗在那僅僅用幾片木板加上遮雨篷的粗糙小屋裡，彷彿積雪一般捲成圓圓一球縮在裡面。平常只要有人過來，牠馬上就會起身，但這天不管衛生所那壯年員工怎麼叫，牠都沒有要動的樣子。我想，這隻狗也許明白自己將要被帶到什麼地方去。

牠的體重應該超過五十公斤，我想就連已經非常習慣跟狗狗相處的衛生所員工，應該也沒辦法一個人硬把牠拉走吧，所以開口喊著：「喂，你這傢伙！」結果那狗猛然抬起臉來。

「我說你這傢伙啊！今天要跟這個人去散步，快出來。」

結果這狗真的悠悠哉哉地從小屋走了出來，還輕輕搖擺著蓬鬆的尾巴。

「哎呀，牠覺得『你這傢伙』是牠自己的名字嗎？」那員工一臉感嘆地說著。

或許確實是如此，但就連這個名字都不需要了。我已經盡可能做了我能做的事情唷，這也沒辦法。要恨的話就恨你的主人吧。我在心中這麼想著，一邊說著「你這傢伙，快去吧」同時拍了拍牠的屁股。

「你這傢伙」並沒有抵抗，也沒有一臉悲傷，只是舔了舔我的鼻頭。

在那瞬間，我的腦中響起鎮上往來人們的聲音。

「你這傢伙，我來玩囉。」

「你這傢伙，你的飼主什麼時候才會來接你啊？」

「你這傢伙！握手！好！那你這傢伙！接下來是坐下！」

「喂～你這傢伙，我拿了肉乾來喔。」

結果我也不知道自己怎麼了，總之就是覺得無法壓抑自己的心情，話就這樣脫口而出。

「這隻狗我自己接手吧。」

「咦？」衛生所的員工驚訝地張大嘴巴。

「這隻大白熊?別開玩笑了。」

我也沒想到自己居然會說這種話，但那員工真的打算就這樣把「你這傢伙」帶走，所以我低下頭，用比剛才稍微大了點的聲音再說一次。

「真的非常抱歉。原本是我請你們過來的，真是給你們添麻煩了，但還是請讓我接手吧。」

那員工沉默了好一會兒，然後眼神掃向我說：「你知道嗎?你知道一年會有多少隻狗被處分掉嗎?」

我把手放在「你這傢伙」的背上，根本回答不出來。

「兩萬隻啊。人們把『自己的狗』送去給別人殺掉的數量，就是這麼多啊。而且，造成這種情況的原因，不光只是因為什麼『沒辦法養了』或者『覺得厭煩了』之類的。也有一部分，是因為像警察先生你這樣，由於一時衝動的『情緒』所造成的喔。」

「可是……」我簡直被逼到盡頭。「我還是希望至少能保護這傢伙。」

那名員工呼地一聲，嘆了長長一口氣。我想他大概已經聽過很多次這種話，甚至聽到耳朵長繭了吧。

「每個人想要養的狗、和他們實際養的狗，那是不一樣的。真是抱歉，不過我想確認一下，您是住在單身宿舍嗎？」

我點了點頭。

「那就不行了。」他條理清晰地說著：「像大白熊這種特殊大型犬，你覺得一般人有辦法養嗎？這可不是單純的『能不能努力照顧牠』的那種程度問題而已。需要能夠飼養牠的環境、還要有能夠養牠的經濟能力。在養狗之前，大家都會說自己會為了狗狗，盡量努力並且為這件事情下功夫。但是之後卻又為了是不是要搬家、狗狗不親人、牠生病了，就因為這些簡單的理由，一臉毫不在乎地把狗帶到我們那裡。這可不是一句『我不知道要這麼辛苦』就可以解決的。想著『應該有辦法的吧』結果卻不行，那就已經太晚了。」

我聽著他的話，實在沒辦法回嘴。光是想要養牠的熱情，根本無法解決這些問題。

也許我真的沒辦法養牠，不過幸好附近我的老家倒是有庭院，有能夠養狗的空間，我可以每天過去照顧牠。食物跟藥物的費用，我可以從少少的薪水裡，努力擠出來給牠。也許這樣有點天真，但我覺得，這樣倒也真不是辦不到。

也不結婚、還帶什麼狗來……爸媽大概會碎碎念幾句這類話語吧，老是只會給他們添麻煩，我還真是個糟糕的兒子。不過，為了彌補這些增添的麻煩，我也會更加孝順他們的。

我是因為想要保護人命，才成為警察的。

我自己曾兩次被人拯救性命。當初我被早產生下，性命垂危之際，是靠著醫生拚命治療才活了下來。還有一次，我小時候差點被河水沖走，是靠著曾任消防員的哥哥，把我救了回來。

雖然很慚愧，我自己還不曾拯救過誰的性命。但也許，我可以拯救眼前這條生命啊。

所以我再次低下頭跟他說：「拜託你，請讓我接手吧。」

他沉默了。

過了好一會兒他才說：「如果是這樣的話，那再好不過了。」之後便離開了。

那天我帶走「你這傢伙」之後毫不後悔。

「你這傢伙」生下了四隻寶寶，分別有非常溫柔的家庭收養牠們。

大白熊犬的寶寶簡直跟布偶一樣可愛，乍看之下，實在很難想像牠們之後會長成這樣的超大型犬。

所以我跟那些收養小狗的人詳細說明了情況。把牠們送出去的同時，我滿心期望，這些孩子不會再次經歷「你這傢伙」那天所遭遇的悲傷。

牠們都是或許本來不會存在的生命啊。

「大家都能幸福的話，那就再好不過了。」
我把額頭貼到了「你這傢伙」頭上，而牠則舔了舔我的鼻頭。

即使過往不能重來，
也可以有個新的開始。

STORY

06

太郎與次郎

(Taro & Jiro)

安心的氣味

狗的嗅覺非常敏銳。

要說究竟有多靈敏呢？據說在牠們精神集中的時候，可以察覺到四公里外的夥伴或敵人。

發現牠們這種特殊能力的人類，開始在狩獵的時候利用狗去追獵物，後來也利用在追蹤犯人、救援那些被掩埋的受災者等方面。

而最近的研究顯示，狗的嗅覺還有全新的可能性。

狗的嗅覺厲害之處，並不僅僅在於能夠感受到遠處的氣味變化、又或者能嗅出非常細微的氣味，而是能夠像我們靠著話語溝通一般，牠們或許可以藉此察覺他人身體狀況的變化、喜怒哀樂以及環境變化等，並將狀況傳達給其牠狗。

也就是說，不是只有外在的「好吃的氣味」、「臭味」、「花香」等氣味，就連「悲傷的氣息」、「消沉的氣氛」、「有幹勁的氣味」、「滿足的氣息」等內在的感受，或許牠們也不需要使用言語，只要透過氣味就能夠交換情報。

自己的飼主現在究竟在想著什麼呢？有沒有在想著自己呢？他是開心還是悲傷呢？

狗狗會靠著牠們敏銳的嗅覺，試圖去感受這些事情。

也許古代的人類也具備這樣的能力。只是隨著語言發達，我們也遺忘了這種能力。

我們靠著發展語言，建立起偉大的文明。人類可以在現代了解過去發生了什麼事情，並且留存到未來；也能夠鉅細靡遺地知道從未親眼見過的遙遠國度之事。

但是，由於語言的存在，要表達出自己的心情，就必須使用語言來說清楚、講明白。

然而和狗狗過日子的時候，就沒有這種必要。我們能夠解除心中的警戒，安安心心坦誠與之往來。

這是能夠消除我們壓力、療癒我們心靈的美好時刻。

身爲母親的證明

——飼養五歲米克斯（♂）與三歲米克斯（♂）的十二歲男孩

太郎跟次郎是我家養的米克斯。

太郎是白色的短毛犬，次郎是棕色的長毛犬。

次郎是可以抱到我腿上的小型狗，太郎則大到我幾乎可以趴在牠的背上。

每天身為國中生的哥哥會牽著大大的太郎、而還是小學生的我，就牽著小小的次郎，我們一起去散步。

只是，散步的時候，附近的人總是把視線集中在大大的太郎身上，說著「好大隻喔！」「好帥！可以摸摸牠嗎？」「好像北極熊！」之類的。

我非常羨慕哥哥能夠牽著如此受歡迎的太郎散步，實在非常帥氣，所以老是拜託家裡說「想要交換一下」，母親卻非常嚴厲地說：「絕對不行。你還不能帶太郎散步。」

媽的口頭禪就是「不行」。

傍晚五點以後才回家，不行。一天吃超過兩個冰，不行。廁所的門不關好，不行。這些我都還能接受。

但是太郎的事情讓我覺得很不滿。

母親一點都不懂我跟太郎。

我每天都會跟哥哥一起出去散步，所以也有好好觀察太郎。

太郎雖然體型很大，但對我是非常順從的。

我半開玩笑地拉牠的尾巴、或者把手指伸到牠的嘴巴裡，牠都不會生氣。

而且就算是太郎發狂也沒問題啊。

我是男孩子，在學校班上也是腕力挺強的人，怎麼可能連壓制一隻寵物狗的力氣都沒有。

我非常有自信，所以真的很想帶太郎散步。

有一天，我就自己實行了這件事情。

趁著母親出門的時候，我一個人帶著太郎和次郎出門散步去。

能帶兩隻狗散步，我自己也覺得很興奮。

我想鄰居們一定也會誇我「好厲害喔」。
同時，我也想著，要是遇到朋友，一定要炫耀一下。
既然如此，今天就去比平常還要遠一點的公園吧。
但我內心的從容很快就消失了。
出了家門沒多久，太郎就變得毛毛躁躁。
牠不像平常那樣直直往前走，反而七彎八拐扭來扭去、鼻子用力頂著電線桿和磚牆，用無比強大的力氣扯著牽繩。
那力氣大到，在牠終於停下來的時候，我都覺得自己的肩膀都快脫臼了。
但我想著，再怎麼樣都不能放開牽繩，所以乾脆就把繩子繞在手腕上。結果證明，這個做法真的很糟。
我的手腕被緊緊纏住、逐漸開始發青，在我還拖拖拉拉、想著得要拿下來才行的時候，卻被猛然一拉。
我沒能解開纏在手上的牽繩，就這樣被太郎拉倒了。
等我醒來時，人已經在醫院裡。

好像是我的頭撞到地面，路過的人幫忙叫了救護車。

幸好沒有什麼大問題。

太郎跟次郎也都沒事的樣子。

媽回到家的時候，太郎跟次郎就在大門前等著。

「你是要讓我多擔心！」

媽非常生氣，罵我的聲音大到幾乎整間醫院都能聽見。

「我不會再帶太郎散步了，對不起，對不起。」

我都不知道自己講了多少次對不起。

等到媽說「好啦你快點睡」的時候，我已經哭到沒有聲音了。

望著媽的背影，我才看到，她還穿著鞋跟好高的鞋子，絲襪也都破了。

發現只有太郎跟次郎回家，媽一定馬上拚了命到處找我吧。

媽最後又說了。

「下次要帶太郎去散步的話，就跟媽媽一起吧。」

媽走出去之後，我聞到一股好聞的味道。
和那嚴厲的話語不同，是非常溫柔又充滿愛的味道。
聞著媽媽的味道，我也安心下來，又一次睡著了。

比自己更重要的東西，
能夠給予你力量。

STORY

07

卡爾

(Carl)

不向壓力認輸的狗

壓力，常是導致狗狗生病的原因之一。

所以，許多人都會建議飼主：「盡量不要讓狗狗感受到壓力。」當然，為了避免牠們生病或養成不良習慣，最好不要讓牠們承受太強或者長時間的壓力。

但真要說起來，狗狗本就不可能毫無壓力地生活。這道理就和人類一樣，生活中不可能所有事都隨心所欲，也沒辦法絲毫不必忍耐地在社會中生存。

非常諷刺的情況就是，從小就盡可能不讓牠們感受到壓力的狗狗，長大後，那怕是再微小的壓力，牠都會非常敏感，也因此更容易感到心靈疲憊。

只要壓力不大、持續時間短，那麼，讓狗狗感受一點壓力反而更好。

從幼犬時期開始，就稍微給牠「斥責」、「等待」、「阻止」等輕微、短暫的壓力，然後好好稱讚牠、迅速消解壓力，這樣子養大的狗狗，成為成犬以後就會有很好的抗壓性。

這樣的狗狗，不會因一點小事就有所動搖，可以悠悠哉哉度日。

除了心靈的壓力以外，肉體的壓力也是如此。

總是在平坦的道路上散步；炎熱的夏天或者寒冷的冬天就不外出；甚至是一

直被抱著。一直生活在這種環境中的狗狗，很容易一點點路就走不動、踏在凹凸不平的路面上就腳痛，去了沒有冷氣的地方馬上就會中暑。

當然，也不可以一開始就突然帶牠去非常嚴苛的環境來逼迫牠。

不過，為了讓狗狗不會那麼經不起壓力，最好可以選擇坡道或者山路等會讓牠稍微有些負荷的路線來散步、讓牠做劇烈運動來消耗體力等等，定期給予牠小小的身體壓力會比較好。

看見狗狗喘著大氣，也許有人會覺得這樣牠們很可憐。

但是，這種狗狗也許才是真的被飼主愛著的呢。

被討厭的勇氣

——代爲照顧三歲迷你臘腸犬（♂）的二十八歲女性

我是個普通上班族。

自孩提時代起，我就非常容易感到疲憊，為了避免過度的壓力，我在職場上總是留心，盡可能不要讓自己過於醒目。

因為在我的職場上，只要表現稍微有點突出就會遭人忌妒，接著就會被塞一堆非常辛苦的工作。

我上班的地方，允許大家穿制服以外的服裝上班，但我會刻意買那種廉價廠牌的樸素衣服，穿去工作。化妝方面，也只做到勉強讓人覺得不會太糟的程度；除了手錶外，不戴任何首飾；不跟特定對象過於親密、也不會向上司阿諛奉承。

不過，隔壁座位的同事來拜託我的時候，我還是會幫忙。

如果同事說他們有事，我也會幫忙加班。如果有人告訴我，「有工作的事想跟你聊聊」，就算只是漫天抱怨，我也會好好聆聽。有人推薦我什麼新廠商的化妝品或講座之類的，我也會買商品、參加活動。雖然我不喝酒，但有人約聚餐，我也會參加，就算都是他們在點酒而我沒有喝，我也會好好地當分母人頭。

同事們都知道，不管跟我說什麼，我一律會回答「好啊」。我也已經習慣不管什麼都說「好啊」，因為我覺得拒絕他人的請託，對我來說壓力更大。

那時候，也是有個同事拜託我說：「我請了特休，想跟男朋友出國，家裡養的迷你臘腸犬可以拜託妳幫忙照顧嗎？」我畢竟沒有幫別人照顧寵物的經驗，所以相當遲疑，但對方又說：「我有先去問過其他可能幫忙的人了，可是大家都沒辦法。先前我的狗狗就曾因壓力太大而嚴重腹瀉，我實在沒辦法把牠再送到寵物旅館那裡去。」我忍不住動搖了。

其實以前在老家，我是有養過狗的。現在雖然獨居、也沒特別想養狗，但我終究還是喜歡狗狗，所以就以「只有休假那幾天可以」的條件，還是答應了幫忙照顧狗狗幾天。

然而，這真的是比想像中還要辛苦。

迷你臘腸犬畢竟名字裡有個「迷你」，所以我原本想說，應該就是兔子或者倉鼠的感覺，頂多就是貓那麼大吧，然而接過來的卡爾，卻是隻非常麻煩的狗。

光是把手湊過去，牠就皺起鼻子；窗外有人經過，牠也會狂吠到讓人根本猜不出來裡面只是隻小型犬。雖然我在房間裡鋪滿清潔墊，但卡爾就是會故意找出沒鋪好的地方大小便。

為了這幾天，我還特地去大賣場，買了咬下去會發出聲音的甜甜圈型玩具送牠，但牠瞧都不瞧一眼。

不管我做什麼，牠都不願意敞開心房。牠也不吃東西、不喝東西，甚至沒有打算睡覺。

到了晚上，我看著縮在房間角落、不斷發抖的卡爾，擔心著「要是這孩子發生什麼事情該怎麼辦」而感到頭暈目眩。

我本就是那種壓力過大就會動彈不得的體質，所以這種狀態繼續下去的話，很可能我們兩個會一起出事。

所以我非常緊張地想著，「明天起就是平常日了，還得要去工作，我得為牠做點什麼才行」，於是打算去把卡爾抱起來。

就在此時，卡爾忽然暴衝，然後在整個房間裡打轉，逃進了沙發下。

在那瞬間，我的神經終於斷了線。

「你夠了沒！」

我發出連自己都覺得恐怖的聲音，一不作二不休把手往沙發下伸，抓住卡爾的脖子、把牠拖出來放到了自己的腿上。

面對肚子朝上的卡爾，我內心那些平常壓抑的情緒也湧了上來。

卡爾雖然試圖抵抗，但我抓住牠的下巴並直盯著牠以後，牠就乖乖的了。

要是狗會說話，我想牠可能會這樣說吧。

「我真的可以依賴妳嗎？」

我有點緊張地摸著卡爾的肚子。

軟軟的、而且很溫暖。

可以啊。我在內心這樣回答，盡可能溫柔地摸著牠的肚子。

卡爾睜著圓圓的眼睛看著我，好一會兒後才從我的腿上溜走，去房間角落乖乖吃起了狗食。

「卡爾還好嗎？」

夏季假期結束後，同事來我家接牠。

「我覺得卡爾很可憐。」

我鼓起勇氣對著同事說。

「突然被丟到完全陌生的環境、然後一直等著主人，對狗狗來說，這壓力應該非常大。」

我一直努力地不讓自己被人討厭，但是託卡爾的福，我也發現一件事情。如果被討厭的話該怎麼辦呢？這種不安是不可能消失的。其實應該要有所覺悟、知道自己有可能會被討厭並且好好面對，然後讓對方信賴自己。

「下次妳要規劃長期旅行之前，最好再稍微為卡爾多想想。」

原先拿了夏威夷的伴手禮來、打算接了愛狗就趕緊走人的同事一臉驚訝，但還是跟我說「不好意思給妳添麻煩了」，隨即離開。

隔天要去上班的時候，感覺實在有點令人煩悶。

畢竟我說了那種話，想必同事應該也覺得不舒服吧。正想著該去和同事道歉，結果她卻跑來告訴我：「昨天沒有好好跟妳道謝，真是抱歉。」

同時，她也對先前總是把一堆大小事推給我的行為道歉，聽說她也是不希望自己被人討厭，所以老是無法拒絕其他人的請託。結果，就只好把事情再丟給同樣也不會拒絕別人請託的我。

「要是我有什麼能幫忙的，妳要跟我說喔。」

聽了這句話，我認真地回答她。

「那偶爾讓我見見卡爾吧，難得我們培養出感情了。」

結果她笑著從手機裡翻出了照片給我看。

同事那被曬黑的手腕抱著卡爾，而牠正萬分珍惜似地叼著我送給牠的甜甜圈玩具。

因為是你，
所以喜歡。

STORY

08

獨步

(Toppo)

被需要的幸福

狗狗期望的，是每天穩定的生活。

安穩的環境、安穩的氣候、安穩的氣息，還有安穩的時間。

我們人類有時相當喜歡變化，如果生活上毫無刺激，不僅會覺得無聊，甚至會讓人感受到壓力。

然而對狗狗來說，情況卻是完全相反的。

可以的話，牠們會希望每到同一時間，就在同一地點度過。

和抱持著這種心態的狗狗一起生活以後，不知不覺間，我們的生活也會變得規律起來。

早上起床的時間、餵狗狗的時間、回家的時間、睡覺的時間，全都會變成家裡狗狗的生理時鐘，想要不規律也難。

另外，帶狗出去散步是必要的，我們心裡也會衍生出「必須帶牠去散步才行」的強烈責任感。從結果上來說，我們飼主的身體和心靈也都會變得很健康。

國外有研究指出，孤獨老人和不斷犯罪的法外之徒，兩者在心理層面上有著共同點。

那就是，他們都認為「這個社會不需要我」。

對這些已經無法與他人溝通的人來說，狗狗卻還是願意，把性命全然地託付在他們手上。

對於那些再也見不到家人的老人，狗狗能帶給他們一種生存的意義；對於反覆犯罪之人，狗狗也同樣會給予類似的希望。

只要有所自覺：「這條狗需要我。」這就會成為他們與他人接觸的良好練習。

實際上也有報告指出，老人在養了狗以後，自殺率就降低了；那些從監獄裡被釋放出來的人，若是有養狗，再次犯罪的比例也會降低。

事實上，也有資料顯示，比較有無飼養狗狗的家庭後可以發現，有養狗的家庭比較不會因感冒或肚子痛等輕微疾病去求診，買成藥的比例也很低。

甚至有報導宣稱，如果所有日本人都和狗狗一起生活，那麼國家負擔的健康保險金額，將可減少四兆日圓。

為了保護狗狗、油然而生的使命感。
因為狗狗而帶來的日常生活規律性。
凡此種種，無論我們想要或不想要，幾乎都迫使我們保持住身心的健康。

距離孤獨一公分

——照顧八歲秋田犬（♂）的三十二歲男性

我離鄉背井，到東京讀大學，後來也曾在東京的公司上班。只是沒辦法適應工作，三年之後，就辭職回老家了。

原本想著，回到老家之後，應該很快就能找到一兩份工作，結果完全是我太天真了。現實中像我這樣毫無任何技術或經驗的人，根本找不到什麼感覺能長久待下去的公司。

話雖如此，要說先去打個工之類的，我也提不起勁，於是乎，雖然持續在找工作的樣子，但其實就是整天懶洋洋在家摸魚，一回神才發現，已經半年過去。

畢竟出門遇上鄰居，難免被冷眼相待，所以白天的時候我完全不出家門，一直過著到了半夜才出門亂晃的日子。

基本上算是蝸居在家的狀態。

到了這種時候我才明白，要單方面切斷與社會的聯繫，其實非常容易，然而只要脫離一次軌道，就很難找到回去的路了。
如果去拜託他人的話，或許會有人願意好心收留我。
但若是收留我的那個地方，我又適應不了的話，那該怎麼辦呢？一這麼想，就讓人害怕到無法跨出那一步。
就在我這樣畏縮蹉跎的時候，母親生病住院了。
結果家裡就剩下我和秋田犬獨步。
我覺得非常不安。
獨步在母親離家以後，莫名狂吠的情況變得相當嚴重，還會一直啃狗屋的屋頂。放著牠不管一陣子，牠就開始瘋狂抓自己的身體，啃自己的尾巴、啃到毛都沒了。很顯然，是因為壓力太大。
當時首先浮現在我腦海中的事，說來非常無情，我想著，現在家裡要負擔母親的住院費用，要是連獨步都生病的話，開銷就更重了，真是糟糕。
所以我在網路上搜尋了關於狗狗壓力的事。這才知道對於狗來說，散步的習慣非常重要。
母親住院以後，我一直都把牠繫在狗屋那兒，如今也只能膽顫心驚地試著帶獨步出門散步。

我已經很久沒有在外頭天還亮著的時候出門了。

我還記得那天，自己感覺天空是那樣眩目。

我才拿著牽繩走到庭院，獨步立刻欣喜萬分地撲到我身上，還發出哀號般的嗚嗚聲。

牠明明這麼想出去散步，我怎麼沒能更早些日子發現呢？總覺得有點對不起牠。

母親的散步路線似乎是固定的。

但我盡可能不想遇上其他人，所以故意沒有走獨步想去的方向，而是選擇比較沒有人煙的道路。

但就在散步的第一天。

居然一下子就遇到了三個女高中生。

她們看到獨步馬上就說了。

「唔哇，好髒！」

「什麼？」

「那隻狗。也太慘了吧？」

她們邊說邊尖聲大笑。

女高中生講話真的有夠不客氣。

我羞愧到臉都要噴火了，想退到一旁讓她們先過，沒料到獨步不知道在想什麼，忽然把鼻子湊到女孩子的下半身去。

「呀！怎樣怎樣怎樣？狗狗過來了啦！」

我慌張地想拉住獨步，但牠的力氣很大，我根本拉不動，只能拚命跟女高中生們說對不起、真的很對不起，一直跟她們道歉，畢竟我怎麼看也都是個大白天在外閒晃的可疑大叔，心裡想著自己根本沒資格跟她們說話，只能逃命似地離開那裡。

「真的很噁心耶～」

背後傳來她們的聲音。

我想著，再也不要帶牠去散步了。

但到了第二天，獨步從一早就一直要我帶牠去散步。

本來我是不想理牠的，但牠就拚命叫，一直叫到看見我拿出牽繩。單獨跟狗一起生活，就必須要照顧狗。

而且不是想做的時候才做就行，就算不想做，也必須要做。

根本是強制散步。我一邊遛狗，一邊碎念著這根本就是沒薪水可拿的工作，結果又在同一個地方，遇到那三個女高中生。

「哇，又來了！」

我覺得很奇怪，同時又不禁感嘆著，規律過活就是這樣啊。

獨步似乎很喜歡這三個人。

「不要聞奇怪地方的味道啦～」

「毛都沾到制服上了啦！」

「真的很髒耶。」

雖然女高中生們講話難聽了點，但感覺起來，她們其實並不討厭獨步，反而隱約透露出對牠的喜愛。

我嘴上說著對不起啊、真是抱歉，同時也懷著暖暖的心情，看著獨步和女高中生的小小交流。

每天餵獨步兩餐，帶牠去散步兩次。

拜這例行公事所賜，我的生活節奏也逐漸穩定下來。

我開始定期打掃這暫時失去母親的屋子，自己做起了飯，還因為早上必須早起，晚上也變得比較早睡。

雖然訴諸文字後，這些好像都是不太重要的小事，但原先我宅在房間裡、始終感覺看不到未來的那種不安感，也由於規律的生活，不知何時起已自我腦袋裡消失得無影無蹤。

之後，我還是常遇到女高中生們。

「我把牠變乾淨囉。」這次我主動向她們打了招呼。

我把獨步洗得乾乾淨淨、還幫牠刷了毛，甚至噴上狗用香水。

其中一個女高中生有點畏縮地伸出手，獨步就開始舔了起來。那女孩說著：「好像也滿可愛的耶？」另外兩個人也輪流摸起獨步。

獨步只要被她們摸一摸，就會高興地把牠變乾淨的身體蹭過去。

本來我都是慌慌張張、彷彿逃命般地帶牠散步，後來放寬心悠哉步行以後，過路人也會停下來看看獨步，而且非常疼愛牠。

獨步是非常容易親近人的狗，不管是小孩或老人家，牠都會非常親切地搖著尾巴、把身體蹭過去，所以變成這一帶非常受歡迎的狗。

之後我又遇到女高中生們好幾次。

她們有時候會給獨步肉條，還會幫牠拍照。

但是過了一陣子以後，就算我在同一時間出去散步，也沒能在同一個地方遇到她們。或許是她們改變了上學路線，也可能是換了朋友。

結果，我也沒來得及問她們的名字。

雖然有些寂寞，但我之後還是過了好一段時間的規律生活。

母親也平安出院了。

當然，這個經驗並非我的一切。

之後我又再次前往東京，現在已經有了個我必須擔負責任的工作，同時還能與妻子和兩個小孩一起幸福生活著。我想，這都是因為我在那時有自己跟獨步生活的經驗。

現在的我，偶爾還是會因為工作過於忙碌、或者在對人際關係感到厭倦時，覺得世界好像離我遠了一點。

可每到那種時候，我就會想起硬是把我拉回社會的獨步，然後湧出些力氣告訴自己，就再努力一下吧。

願意接受自己的存在，
就算只有一個，那也足夠了。

STORY

09

古奇

(Gucci)

有好好保護我嗎？

狗是群居的動物，而與牠們群居的夥伴，基本上就是人類的家庭。

在群體裡有著階級順位，領導者地位最高，其餘則依序向下排列。在這階級順位確定之前，狗狗會一直思考「領導者是誰」、「應該遵從誰」、「應該向誰學習生存之術」等問題。

對人類而言，不論是在家庭這個最小的群居單位裡，還是在公司中、在學校裡，每個人各有各的價值觀，彼此不盡相同。

因此，每個人喜怒哀樂的情緒也各有不同，自身的行動決定權也在自己身上。

然而對狗而言，牠們的價值觀會被群體「同化」，喜怒哀樂的情緒也會同化。

於是乎，牠們自身的行動決定權，其實掌握在地位比牠更高的人手上。

由於這樣的習性關乎到自己的一輩子，所以狗狗在選擇領導者時，都會非常慎重。

從幼犬時期開始，牠們就會做各式各樣的嘗試，有時還會一直試到三歲左右。

比如說，牠們會在散步時試著把飼主往反方向拉，或者突然厭惡起自己平常吃的東西，有時還會故意咬咬看主人的手。

牠們會根據主人當時的反應與行動，來判斷這個問題：「我真的可以跟在這個人身邊嗎？」

那麼該怎麼做，才會被狗狗認定為領導者呢？

狗狗選擇領導者的重點，主要有兩個。

其一是：「有沒有保護我不受外敵攻擊的能力？」

如果領導者的力量太弱，那麼群體就很有可能分崩離析。在狗的世界當中，這種「守護的能力」並不是指戰鬥力，而是意志力。也就是說，領導者到底有沒有「絕對要保護底下的夥伴」這種強大意志，對於狗狗來說，是非常重要的。

其二是：「有沒有覺得我非常重要呢？」

會給牠好吃的食物、會溫柔撫摸牠、還會笑著叫牠的名字，這些也許都是愛的表現，但是狗

狗並不會因為這樣，就認定對方足夠愛牠。

對於狗來說，「能夠為了我的將來，而狠下心責備我」的愛，也是有必要的。

換句話說就是，只有那些不單單流於表面、能夠讓牠感受到打從心底愛牠的人，才能成為狗狗的領導者。

因爲喜歡你

——曾與六歲柴犬（♀）相遇的四十五歲男性

我接下來要說的，是古奇的故事。在我國二那年，上學途中會經過一位同學的家，古奇是他們家養的柴犬。

古奇是一隻讓鄰居們都感到困擾的狗，牠從早到晚都在叫。除了家人以外，無論面對誰，牠都大聲狂吠，不管是來送貨的大哥，還是從牠家門前經過的人，大家都很怕牠。牠實在吠得太兇了，以至於有傳聞說「牠是不是得了什麼怪病」之類的。

有一天，在我放學回家的時候，忽然注意到同學家的門微微開著。就是那個貼了「內有惡犬」貼紙、總能從縫隙間看到古奇銳利牙齒的大門。看來，同學家的人外出了。

因為有點在意裡面的情況，所以我靠了過去，古奇果然還是開始狂吠。感覺好像我若不小心伸出手，就會被牠咬住。就算對著牠說「噓——」，牠也還是繼續大叫。但是，就這樣讓牠吠了好一會兒後，牠的聲音卻越來越小。我再繼續靠過去，牠的聲音又變成了嗚嗚聲。等我靠近到觸手可及的距離時，牠忽然就安靜了下來。我繼續鼓起勇氣，摸了摸牠的背，古奇就完全變成溫順乖巧的樣子了。

我看向牠的眼睛，牠的眼神好像是在撒嬌呢。在那一瞬間，我確定了。古奇根本不是因為生氣所以大吼大叫，牠是因為一直都非常寂寞、希望有人跟牠玩，所以才會叫的。

也許，只有我發現了這件事情吧。這麼一想我就覺得好興奮，之後就這樣摸了古奇大概一個小時吧。

如我所想，自那以後，古奇就完全不會對我吠了。只要我放學之後經過那裡，牠的表情就彷彿已經等了我一整天，狂搖著尾巴來迎接我。

同學的媽媽還誇獎我說：「就連我們家的人都沒辦法跟牠那麼親近呢，真是厲害。」

我為此更加自豪，所以每天都會去跟古奇玩耍之後才回家。

在我跟牠培養出感情以後，大概過了一個月左右吧。

我跟平常一樣，在放學後去跟古奇玩。那一天，古奇不知為何比平常還要黏人，簡直是用全身來表達牠的喜悅。

你怎麼啦？好乖好乖。我也覺得很高興，所以比平常還要用力摸牠，結果手猛然刺痛了一下。

好痛喔喔喔！古奇咬了我的手！同學的媽媽慌張地從屋子裡飛奔出來。是哪裡惹古奇不高興了嗎？我按著血流如注的手發愣。牠明明不會對我發怒啊？是我摸的方法不對嗎？還是牠剛好心情不好呢？同學的媽媽馬上幫我處理傷口，我也去醫院做了治療，所以傷口很快就好了，但是，被古奇咬的錯愕，還是讓我躊躇了好一陣子。

因為那件事情，我實在很難繼續老是跑到朋友家去。畢竟我也剛好升上了三年級，必須準備高中考試，所以大多數日子，就算經過同學家門口，也是過門而不入、直接回家。

只是，每當我經過他家門前就發現，古奇仍然只有在見到我的時候不會吠叫，牠總是在門後用非常寂寞的眼神望著我。一直看著牠這般模樣，我也覺得非常難過，所以後來就改走別條路回家了。

我和古奇的交流就到此為止。

在這些事情後，又過了幾十年。

就在最近，我才從那些非常熟悉狗狗的人口中，聽說一件事情。

「狗狗在面對自己最信賴的人時，牠們會想辦法確認這個人是不是真的能夠保護自己。」

聽見這個事情的瞬間，我關於古奇那早已遺忘的回憶，一口氣湧上心頭。

同時也才明白，古奇咬我並不是要威脅我、也不是討厭我，牠只是想讓自己打從心底相信我而已。

為什麼在那時候我沒能理解牠呢？如今的我依然覺得非常抱歉。

不過，現在我常會回想起古奇的臉。

那是只有對著我撒嬌的時候，非常穩重又溫柔的臉。

有人說，「狗狗在死去以後，會踏上彩虹橋前往天國」。如果古奇也能在彩虹橋的那一頭，一直維持著這樣的表情，那就好了。

因為想要相信，
所以或許會造成傷害。

STORY

10

莉蘿

(Lilo)

總在不知不覺間到來

狗的成長非常快速，出生一年，大概就是人類的十二歲左右。

之後，據說一年會成長大概四到六歲的程度。

如果長到十歲，那就幾乎是人類的六十到七十歲左右，以人類來說，那都該退休了。

既然狗狗的成長比大家想像中還要快，這也就表示，老化也會比想像中來得早。

對我們來說，那可能是十年後的事，但是對狗狗來說卻只需要兩年。

看看那在客廳發懶的狗狗，就在我們想著「牠最近好像有點沒精神耶」的時候，牠正在以飛快的速度老去。

以前可以輕輕鬆鬆跳過去的大溝，牠會突然停下腳步。

牠開始討厭起樓梯、不再去追球、也不太吠叫了。
食慾越來越差，叫牠的名字也不會過來了。
該怎麼做，才能盡快注意到這件事情呢？
狗最容易被發現的老化症狀，通常出現在眼睛和耳朵。
以眼睛來說，最容易出現的就是「白內障」，也就是在眼睛表面上形成一層白膜的眼疾。
白色的部分會越來越多，最後會導致失明。
另外，也有些狗狗是重聽越來越嚴重。
不再聽到主人一叫就過來，或者你下了指令、牠卻彷彿沒聽見一般，這並不是因為牠們的個性變頑固了，可能單純是因為老化的緣故，耳朵不中用了。
不管是哪隻狗狗，牠們的眼睛和耳朵，早晚都會碰上老化的問題。
然而很奇妙的是，很少會出現眼睛和耳朵兩者都失去功用的案例。
雖然有個別差異，不過有些狗狗是眼睛變糟，有些則是耳朵不好。
而眼睛變糟的狗狗，通常聽覺敏銳；耳朵不中用的狗狗，通常眼睛都沒什麼問題。

因此，飼主要教導狗狗某些事情的時候，除了使用言語以外，最好也可以加入一些肢體動作。

這樣一來，在外出的時候、或者暫時離開牠身邊的時候，都更能夠確保狗狗的安全。

對於那些還沒意識到自己老化的狗狗來說，這也會是牠們重要的心靈支柱。

幸福的瞬間

——飼養七歲吉娃娃（♀）的二十七歲女性

只要有閒暇時間，我就會去那些自己還在鄉下時總會萬分羨慕的地方，寫些什麼「時下話題的鬆餅，超好吃但重點是超可愛！」「在海灘上跟最棒的夥伴手舉啤酒喔耶！」「是這輩子聽過最棒的講座吧？接下來就要去聯歡餐會囉！」「讓人慶幸自己還活著才得以欣賞到的絕景」之類的。我熱衷於擷取這類彷彿很幸福的瞬間，並投稿到社群網站上。

當然，我也抱持著「生命只有一次，自然要過得充實」的心情。但與其說是想過得充實一些，不如說是展現「充實的自我」這件事，讓我上了癮。

實際上，不管是做了什麼快樂的事情、吃了多好吃的食物、或看見多麼美妙的東西，只有在我的投稿文章下有很多人按「讚」還有「留言」時，能夠滿足我的心靈。

而當中令我滿意度最高的，就是上傳我家狗狗的照片和影片的時候。

每當我很晚下班、回到公寓以後，吉娃娃莉蘿總是叼著我的襪子，在門口迎接我，那是我之前有一次因為整天在辦公室工作而腳冷到不行的時候，莉蘿剛好叼了毛線襪過來給我，我稱讚了牠，之後莉蘿就每天晚上都會晃著牠短短的尾巴、叼著襪子來迎接我。

我隨即把莉蘿的這副模樣拍下來上傳，馬上就有人留言「超貼心的！」「讓人想緊緊抱住！」「超古錐！」等等留言，我也跟著開心到不行。

但是有一天，我躺在床上一邊滑著手機，想著：「今天有多少留言呢？」卻在莉蘿照片下的留言中，發現了有些讓我在意的內容。

「如果是我看錯的話真的非常抱歉，不過，狗狗的眼睛是不是有點發白？」

咦？我感覺冷汗流過我的背後。

我慌張端詳起莉蘿的臉龐，的確，她烏黑的眼珠表面，似乎有一層薄膜之類的東西。我連忙在網路上查詢相同的症狀，找到一篇新聞寫著「可能是白內障」。

我內心有點震撼，但還是想著應該不可能吧。畢竟這天莉蘿也有好好地拿襪子給我、牠很喜歡的生食狗食也全部吃完了，之前也一直跟在我的身後，現在還待在我腿上撒嬌呢。

但是第二天我帶牠到動物醫院，獸醫卻說出了我完全不想聽見的話。

「我想牠應該已經看不見東西大概一年了。」

我簡直無法置信。

為什麼？莉蘿在家裡很平常地生活啊，每天都會拿襪子給我耶。

看我都快哭出來了，獸醫非常溫柔地說著。

「狗的嗅覺是非常敏銳的，如果是在牠已經住習慣的屋子裡，只要使用嗅覺就能夠正常過活。」

的確，莉蘿在醫院診療室裡的腳步就相當不穩，我在家裡從來沒見過牠如此惶惶不安的樣子。

獸醫問我：「有每天好好帶牠去散步、陪牠玩嗎？」我實在回答不出口。我經常整天不在家、就算在家也都在滑手機，基本上，根本就是把莉蘿丟在一邊不管的。

「這孩子一定非常希望飼主能多陪陪牠，所以相當拚命喔。就算眼睛看不見了，也不想讓飼主擔心，所以非常努力表現出跟以往一樣活力十足的樣子。」

聽了獸醫的話，我真的滿心感到對不起莉蘿。

「莉蘿是不是很恨我啊？」

「才不會。」獸醫搖了搖頭。

「狗是不會恨飼主的，牠們根本做不到這件事。妳說牠每天都會拿襪子給妳對吧，妳是不是有因此稱讚過牠？」

「……是的。」

「這孩子一定是因為這樣就覺得很幸福。只要牠能感受到飼主好像很幸福，牠自己就會覺得很幸福的。」

聽了獸醫的話，我的眼淚也跟著掉了下來。

為什麼我先前都沒能發現莉蘿身體的變化呢？

我明明覺得自己都有在看著莉蘿，但實際上，一天裡搞不好就看那麼幾次、而且也都只有看個幾秒而已吧。

自從發現莉蘿白內障以後，我就要求自己，盡可能不要老是盯著社群網站。刻意要展現給別人看的那些美食、旅行、讀書會等等，我也都不去了。

相對地我把房間收拾乾淨、把家具尖銳的地方都拿緩衝物包起來，想著讓莉蘿好走一點。工作日我會盡可能早點下班回家，增加我和莉蘿相處的時間。

而現在，只要我輕輕打開家裡大門，叼著襪子的莉蘿仍然會咚咚地奔到我的腳邊。

我會抱起莉蘿小小的身體，充分感受那個在我捏著手機時根本無法感受到的體溫。

然後我會拚命地誇獎牠。

「超貼心的！」「讓人想緊緊抱住！」「超古錐！」

莉蘿就會搖著尾巴，用牠已經看不見任何東西的眼睛直直凝視著我。

要更愛牠，
就要更常觀察牠。

STORY

11

阿琳

(Rin)

就想在一起！

什麼樣的動機，會促使我們行動？

關於這一點，在人類與狗狗之間，有著非常大的區別。

人類由於具備理性，因此所有行動都會受到理性左右。

簡單來說，就是「我們的行動都必然要有理由」。

就連面對自己喜歡的人，我們也會思考自己為什麼喜歡對方。

為什麼會喜歡？為什麼會覺得對方很棒？如果沒有思考一下這些事情的理由，我們就很難承認自己是真心喜歡對方。

但是，當然，喜歡一個人，哪還有什麼理由呢？

就連「想跟喜歡的人在一起」這麼單純的行動，都應該要有個原因嗎？這實在很難有個明確的說法吧。

但就算難以說明清楚，我們對於自己想要做的事情，還是會盡可能安上一個理由，這是我們人類的習慣。

另一方面，狗對於自己的感情再直率不過。

牠們的行動也相當直接。

想跟某個人在一起時，狗狗就會想盡辦法跟那個人在一起。

還不只如此。

狗對於牠們自己的所有行動，其實也並不了解自己「為什麼會這樣」、「為什麼想這麼做」之類的。

如果牠們會說人話，想必也會回答，就只是「因為想這麼做」罷了。

人們對於自己內心湧現的情感，會試圖找一個正當的理由。

這種時候，如果找不到什麼好理由，就會想要無視這份情感。

又或者是想到了理由，卻不是什麼能獲得周遭同意的好說法，我們也會遲疑著，而不將這份感情表現出來。

這其實展現了我們具備高等智慧能力。

但是在有狗的家庭，會稍微有些不同。

有時候，人們會受到狗狗的「率直」影響，就連飼主們也會做起一些「沒有理由的行動」。

而這些沒有理由、放任感情去做的行動，有時能夠讓夫妻、親子、情侶的關係大為好轉。

請看看狗狗那耿直的眼睛。
「為什麼想在一起？」
因為想在一起。

那種率真的態度，會強烈撼動你的心。

別走

——飼養十四歲巴哥犬（♀）的三十五歲女性

巴哥犬阿琳是表情非常豐富的狗狗。

如果家裡有人對牠發脾氣，牠會馬上擺個要哭出來的表情；快要到吃飯時間的時候，牠的眼睛也會猛地發亮。

看到家人外出歸來，牠會笑瞇瞇地衝上前去；如果家人讓牠獨自看家，牠就會一臉不滿地抽著鼻子。

我好喜歡這樣的阿琳，總是跟牠一起在沙發上悠哉發懶，疼愛地看著牠的臉龐、摸摸牠的身體。阿琳那摸起來肉嘟嘟的感覺，真的很棒。

阿琳很擅長表露牠的情感，這點我反倒不太擅長，總是被班上同學說「妳好冷淡喔」、「都不知道妳在想什麼」，然後對我敬而遠之。

如果是單純沒有情感起伏也就罷了，偏偏我是非常容易受傷的個性，也很容易被不好的情緒拖著而無法前行。說到底，我就是沒辦法好好表達，讓別人知道我內心有著什麼樣的想法。

父親幾乎都不在家裡，對於這種狀況所感受到的煩悶心情，我也不知如何向總是在家裡的母親傾訴。

究竟是悲傷還是生氣，又或者是怎樣都好呢？我自己也不明白。

有時父親回來就會問我「學校如何啊」，或者「一切都還順利嗎」之類的，我也只是把笑容面具戴到臉上，回答「很開心啊」、「都很順利啊」之類的。

像這樣的我，選擇加入管樂社的理由自然也非常簡單。畢竟演奏樂器不需要像運動社團那樣彼此搭話，感覺也不太需要與其他人溝通的樣子。

然而實際上，卻完全不如我所想的那般。

在演奏中，社員的確都不說話，各自集中在自己的樂器上，但就算大家不發一語，也依然會透過樂器來溝通彼此的想法與心情。自從了解到我們必須反覆進行這無聲的對話來構成一首樂曲，我就完全沉浸在管樂的世界當中了。

雖然我負責的是打擊樂器，但不管怎麼打都覺得意猶未盡。在社團活動結束以後的社員閒聊時間，對我來說，也是能老實說出自身想法的寶貴時間。

等社團活動結束、我回到家的時候，有時都已超過晚上九點。

我和阿琳相處的時間也因此減少了，只是當時我沒有特別在意這點。

結果從某個時候開始，牠或許是發現了，我「因社團活動而晚回家的日子，總會帶鼓棒袋出門」，所以每天早上都會把鼓棒袋藏在盆栽後面、毛巾被下面、架子和架子的縫隙之間等等，總之是塞進家中的某個角落。

阿琳相信，只要沒有那個鼓棒袋，我就會早點回家。

拜牠所賜，每天早上，只要我沒有在這場鬥智比賽中取勝，我就根本沒辦法出門去學校。

雖然我好幾次都生氣地對牠說：「不要再這樣了！」但牠就是不肯放棄這個惡作劇。我想，也許阿琳其實也發現了，我對這個「尋寶」活動還滿樂在其中。

不過，距離管樂社大賽只剩一個星期的那天早上，我實在找不到鼓棒袋，整個人煩躁到不行。

「在哪裡？阿琳！你今天把東西放到哪裡了？」

不管我怎麼問，阿琳都沒有反應。牠一臉事不關己的樣子，在沙發上靜靜地睡覺。

由於阿琳也年紀大了，所以每次睡覺，就會有很長一段時間不會醒來。

也就是在那天。

要下課的時候，我收到媽的訊息說：「阿琳可能要不行了。」

因為事發突然，我驚慌地衝出學校。

回到家裡的時候，爸也在。

看著爸媽的表情，我知道，阿琳已經嚥下最後一口氣。

旁邊是一堆保冷劑、還有阿琳喜歡的毛巾被。

阿琳在沙發上閉著眼睛，牠身旁好像有個被硬塞進沙發椅縫的東西。

拉出來一看，居然就是我的鼓棒袋。

「想必牠今天是不希望妳出門吧。」

聽到媽說這句話，我心裡積攢的情緒一湧而出。

「尋寶太難啦、我還真找不到呢。阿琳，是你贏了，我投降啦。太難了，根本就找不到嘛。阿琳好過分喔，你應該早點跟我說的啊。」

我以前，也曾想把爸的公事包藏起來呢。

「我都沒回來，對不起啊。」說這句話的竟是老爸。

沒想到爸的眼睛也是紅的，這是我第一次看到爸的眼淚。

我把臉埋進阿琳的身體。

狗狗的氣味、有彈性的皮毛，阿琳那總是表情豐富的臉已開始僵硬，但我總感覺上頭還有些許溫度。我一邊流著眼淚，心裡又覺得好像安心了。

因為，自我出生起，還是第一次看到有著相同感受的爸媽。

我並不知道，爸媽之後是否談了些什麼。

不過，爸爸變得越來越常回家，也經常和母親談話。後來，不知自何時起，爸爸就總是在家了。

之後又過了二十年，雖然我已經結婚離家，但如今，爸媽仍感情良好地住在一起。

活在這世上的喜悅之一，就是相信某個人並等待著他。

STORY

12

里昂

(Leon)

最愛的時間

狗狗靠在主人身旁，打著瞌睡。

這副光景看來非常幸福，不過，對狗狗來說，還有更幸福的。

不論是玩耍、還是做什麼事情，總之就是要和最愛的主人做著相同的行動。

想要被狗狗認定為是牠的家人（群體），那就要跟那隻狗做出一樣的行為。

跑的時候一起跑，睡覺的時候一起睡。

不管是開心、悲傷又或者憤怒，都要分享彼此的情緒。

觀察狗狗之間的行為，你就會明白。

兩隻狗狗在初次相遇的時候，會先聞聞彼此屁股的氣味。

然後，覺得「我想跟牠交朋友」的狗狗，就會突然開始狂奔。

一起奔跑，就是身為夥伴的證明。

因此，若想和狗狗感情融洽，請在責備牠、誇獎牠之前，先和牠一起跑步。

透過如此簡單的行動，就能在人與狗、狗與人之間，建立起心靈的連結。

而要讓彼此感情融洽的基礎，當然就是「散步」。

對狗來說，散步可不是單純的運動。

在散步的過程中，狗狗會透過周圍氣味的變化，來感知附近發生了什麼事。

牠們能透過氣味得知，最近是否有人搬了過來，也能靠氣味掌握其他許久未見面的狗狗近況。

就好像我們在電視上看新聞那樣。

此外，散步也不僅僅是收集資訊而已，還能接觸外頭的空氣、感受季節的變化，對狗狗來說，這也是最棒的時光。

「能跟誰一起度過」這段最愛的時光，對牠們而言是非常重要的。

和最愛的主人一起度過最愛的時光，對狗狗來說，就是最幸福快樂的事情了。

後悔的意義

——飼養七歲柴犬（♂）的十七歲男孩

我們家要搬家了，從公寓搬到郊外的獨棟住宅。

雖然只是鐵軌路線附近的小房子，但畢竟能夠展開相當憧憬的獨棟住宅生活，家裡所有人都非常興奮。

搬家後沒多久，我就想，「真想養狗啊」。

因為新家附近養狗的人很多，經常能看見許多人牽著漂亮的大狗散步，感覺非常帥氣。對於在公寓長大、只養過金魚的我來說，看見並且接觸狗這種動物，是非常有新鮮感的。

在說出「我想養狗」以後，爸媽毫不意外地表示反對，但我每天都跟他們說「我會早起的」、「我一定會每天帶牠去散步」、「我也會好好寫作業」之類的，大概是因為我實在太頑固、他們被煩到不行，也可能是因為爸媽其實也想養狗，某天我放學回到家，就發現屋子裡多了一隻棕色幼犬。

「狗狗！」我大喊著，萬分高興地抱起小狗，也不斷跟爸媽道謝。

牠是父親從朋友那裡接來的柴犬，名叫里昂，得名自爸爸喜歡的棒球選手。

里昂的臉感覺介在狗和狐狸之間，看起來彷彿天使般天真無邪。

我一整天都在摸里昂的頭、抱著牠、教牠握手和坐下。我感覺自己完全不想跟牠分開，牠一定就是這世界上最可愛的存在。

里昂每天都會跟我玩耍，牠也很喜歡散步和跑步。

其中讓牠最感到興奮的，就是跟我拉扯牽繩拔河。牠會壓低姿勢、發出咕嚕嚕嚕的低鳴，然後用力搖頭。

里昂真的非常喜歡扯牽繩，所以每天都會把牽繩塞進我的手裡，表達「快點拉」的意思。我也非常開心地陪牠玩到一人一狗都累癱為止。

但我實在是個壞孩子，沒有多久，就覺得跟里昂玩膩了。

大概還養不到一個月，我就已經懶得帶牠去散步了，覺得有那個閒工夫我還不如在房間裡打遊戲、或者去朋友家玩之類的。我甚至覺得，每次一摸里昂，手上就會沾滿狗臭味，而對此感到厭煩。

母親看我那種樣子，責備我「你為什麼不去好好照顧里昂？」「你不是說好要照顧牠的嗎？」之類的，但我老是回得心不在焉。

畢竟我都在偷懶，母親無可奈何，只能自己去陪里昂玩拉繩子。結果好像聽見里昂嘴裡冒出了轟轟、轟轟的雜音。

母親非常擔心，所以在帶牠去動物醫院接種疫苗的時候，順便請醫院檢查里昂的身體，這才發現牠有先天性的心臟疾病。

獸醫師跟我媽說：「這孩子天生心臟瓣膜就無法好好運作，血液有一部分會逆流，所以非常容易中暑。」

媽在轉述這件事情的時候，臉色非常陰沉。說起來，我也實在有夠過分，印象中那時候我還鬆了口氣，心想：「這樣的話，就不用努力帶牠去散步了吧。」

事實上，從那天以後，我就老是以「里昂會太累」為藉口，常常偷懶而沒有早晚都帶牠去散步，就連其他事情也幾乎都交給母親去照顧了。

雖然我這樣對待里昂，但牠還是每天都在我回家的時候，從狗屋裡走出來，對著我搖尾巴。

我上高中以後，發生了一件事情。

一位班上女同學到我家玩的時候，她的背後忽然傳來「嘔～、嘔～」的奇怪聲音。

她一臉錯愕，我往後看過去，發現是里昂正在吐出大量汙穢物。那顏色非常奇妙的液體，四散在狗屋周圍。

我不知該如何是好，所以怒吼著「喂、里昂！你在幹嘛啊！」更可恥的是，一直到母親來幫忙收拾之前，我都不知道該怎麼辦，只想著在女同學面前耍帥。

現在回想起來，我的戀情沒能開花結果，根本就不是里昂害的。

但我當時卻把所有過錯都推到里昂頭上，對里昂是越來越冷淡了。

里昂把身體靠向我的時候，一想到狗毛會沾到制服上，我就猛然推開牠；當牠拚命吠叫的時候，我還會開窗戶對牠大吼：「吵死了！」甚至，我曾在牠吠叫不停時潑牠水、故意去打牠露出來的屁股，還曾拍打狗屋恐嚇牠。

每次遇到這種情況，里昂就會心不甘情不願地回到狗屋。我還記得牠在狗屋裡頭，用相當寂寞的神情望著我。

我做過的事情當中，最糟也最令我後悔的，是里昂叼著牽繩來找我的時候。

我一把搶走那牽繩，然後丟到里昂的臉上。

里昂那時候可能想說這是一種新遊戲，所以還搖著尾巴，但牠這樣就更令我覺得煩躁，於是對牠大吼：「煩死了！」

就算我對牠做過這種事情，里昂還是在我每天回到家時，毫不厭倦地從狗屋走出來、對著我搖尾巴。

里昂失去活力的時候，非常突然。

那一天，我注意到狗屋旁有個棕色團塊攤在那裡，我到旁邊蹲下來一看，發現是里昂正張著大嘴喘氣。

一看就知道，牠已沒有多少時間了。

我猛然站起身，把母親捨不得丟、所以掛在玄關牆上的那條牽繩拿來，試著把它垂下放到里昂嘴邊。

里昂用嘴角叼起那牽繩，用幾乎難以辨識的細小聲音，「咕嚕」了一聲。

我試著拉了一下。

然而，毫無任何拉扯的力道，牽繩就這樣啪噠一聲，掉落在里昂面前的地上。

我又把牽繩拿起來在牠眼前晃了晃，但牠已動彈不得。

不過，里昂還是稍微抬起臉來看著我。

而這就是最後一刻了。

只有七歲的牠實在說不上長命，牠的心臟是真的很虛弱吧。

我摸著里昂那已僵直的身體，回想著里昂的過去。

全身往我身上蹭著撒嬌的里昂。

承受家人怒氣而一臉抱歉的里昂。

啃著狗食彷彿那是什麼珍饈的里昂。

有家人回來時就把鎖鏈弄得嘩啦作響、

從狗屋裡露臉的里昂。

為了不要把里昂這些已快要從我記憶中消失的形貌完全忘記，我一直摸著牠的身體。

過了好一會兒，里昂的身體開始慢慢變冷，一想到「再也不能跟牠玩拔河了」的瞬間，我的眼淚忽然掉了下來。

里昂總是一臉期待地看著我。

每天都不曾放棄要跟我玩耍。

然而，為什麼我一直都沒有跟牠玩呢？

老是找藉口說什麼有社團活動、要準備考試、天氣太冷、天氣太熱之類的。

現在才意識到那無可挽回的損失有多珍貴的我，眼淚一直流個不停。

一輩子太過短暫，
重要的事沒辦法留待將來。

STORY

13

皮特

(Pete)

與愛犬的別離

有些人，會因為失去了心愛的寵物，精神狀態急遽衰弱，甚至連身體的狀況也變得很差。

有個說法是，這是因為與寵物一同度過的時間裡所培養出的愛，頓時失了去處所導致的。

畢竟長年陪伴身旁的寵物不在了，任誰都會覺得寂寞。

更何況，狗狗和我們的生活關係相當密切。

那總是在身邊的狗，突然不在了。

在感受到這件事情的同時，除了寂寞以外，甚至會覺得「可怕」。

失去過愛犬的人，大都經歷過「喪失寵物症候群」。

有些人症狀相對較輕，有些人則非常嚴重，甚至無法過好日常生活。

當然，這也和每個人的身心狀態差異有關。

不過，為喪失寵物症候群所苦的人，多半有一些共同的傾向。

「要是我有再為牠多做點……就好了。」「我當初怎麼沒能為牠……。」

許多人都會說出諸如此類的遺憾。

「要是我再多注意一點，牠的病就不會那麼嚴重了。」也有些人會像這樣，更明確表達出自己的悔意。

還不僅僅是如此。明明想著「真想為牠做點什麼」、「想一起去各種地方」之類的，卻始終沒有付諸實踐。

因為沒有時間、沒有心理餘裕等理由，沒能給牠足夠關注，和牠好好相處。

明明能為牠做，卻沒能真的做到，這樣的遺憾，在狗狗離開以後，令我們痛苦萬分。

喪失寵物症候群的嚴重程度，與其說取決於對狗狗的愛有多深，倒不如說，是和我們對狗狗離去的後悔程度成正比。

狗的壽命很短。

飼主總有一天，要面臨愛犬的離去。

只要狗狗過了十歲，什麼時候說再見都不奇怪。

而失去寵物的感覺，真的很痛苦。

在失去愛犬以後，我們希望留下的，只是與狗狗共度的美好回憶。

為此，平常就必須懷抱「現在能為愛犬做的事，就應該全部、馬上去做」的覺悟，並且付諸行動。

這樣的態度，最終能拯救你自己。

兩人一狗

——飼養十二歲巴哥犬（♂）的三十五歲男性

這是我們那隻黑色巴哥犬皮特的故事。

新婚那會兒，我們在寵物店裡，對牠那相當有個性的外表一見鍾情。把牠抱起來的時候，牠竟然輪流舔著我和妻子的臉，實在可愛極了，當天我們就決定要把牠帶回家。

皮特總是啪噠啪噠地邁著小小步伐，吃東西時稀哩呼嚕地狼吞虎嚥，睡覺時咕嘟咕嘟地大聲打呼，真的吵到不行，卻也可愛得要命。

那段兩人一狗共同度過的時光，真的非常幸福。

就算我們夫妻之間發生了一些小爭執，也會因對話裡穿插提到皮特，像是「皮特就不會說那麼過分的話」、「皮特就不會做那種事」之類的，多少緩和了氣氛。而且，只要看一眼皮特那愣頭愣腦的表情，我們也就開心起來了。

皮特很親人，卻也因此相當怕寂寞。

只要我們之中有一人不在，皮特就會非常不高興，如果有人要出門，牠就會一直守在門口，不讓我們出去。

即使溫柔地告訴牠：「皮特，你該跟我說『慢走』才是呀，還會見面的。」皮特還是彷彿我們今生再也無法相見一般，用非常悲傷的聲音嗚嗚哀鳴，還會跳到我們膝頭上，或者用前腳撲上來阻擋我們。如此纖細敏感的牠，甚至會因此在休假日後的隔天拉肚子。

我們兩人都要外出工作，妻子白天上班，晚上則是我的工作時段，平日裡幾乎沒有兩人一狗共同相處的時間，可以說名副其實地過著「擦身而過」的生活。

於是乎，我們兩人最終決定離婚。

我們沒有孩子，所以過程倒也不是特別困難。離婚時所最需要煩惱的，也就只有皮特了。

狗狗跟人類小孩不同，用不著上法院來判撫養權。所以我們必須認真考慮，對皮特來說，什麼樣的環境才叫幸福。

不過沒過多久，我們就找到了答案。

在妻子因病休假期間，我完全失去了獨自照顧皮特的自信。

躺在床上的妻子，整天都在叮嚀我各種大小事情。

早上我打算帶皮特出門散步時，她會說：「不能這時間出去啊，柏油路面會高達六十度呢。」想著該餵牠食物了，又被告知：「要跟牠說『等等』之後才能餵牠喔。」我讓皮特隨自己高興上下樓梯，又被提醒：「皮特的脊椎不好，你得抱著牠上下才行。」被這樣接連指正，我才意識到自己根本沒有照顧皮特的知識。

當然，我非常喜歡皮特，也想著無論多忙都要陪牠玩，但我對皮特的健康、教養等這些重要的事情一無所知。不管是疫苗接種、餵牠吃的食物有什麼要注意的、牠需要什麼藥物之類的，先前全都交給了妻子去處理。

雖然感到寂寞，但我決定把皮特的性命託付到妻子手中。畢竟我們住的房子也在妻子名下，經濟上來說，她的手頭也比較寬裕。我確信，把皮特交給妻子，牠應該會比較幸福。

在我們夫妻生活的最後一天，我與妻子還有皮特一起去散步。

兩人一狗，終於湊齊了一同出門，皮特很明顯非常高興。

牠就在前頭用小跳步輕快地走著，一副迫不及待的模樣，還回頭看了我們好幾次。

看見皮特不時回頭然後僵住的滑稽臉龐，我們也突然維持不住表情，笑著說：「真的好醜喔。」我已記不得自己有多久沒跟妻子這般和睦相處了。

在我們離婚三年後，前妻突然打電話跟我說：「皮特可能沒多少日子了。」在我記憶裡，皮特還是當年在寵物店裡相遇的那隻幼犬，但如今牠也已經十二歲了。

一等到休假，我便回到那以前住過的房子。

倒也沒說特別懷念，只是覺得彷彿我昨天還住在這裡一般，不過皮特的樣子已然不同。

從前見到我就會撲上來的皮特，現在就躺在那裡，牠的眼睛注意到我以後，啪噠啪噠地搖起了尾巴。

我摸了摸牠的背，問牠：「你還好嗎？」然後把牠抱了起來。皮特的呼吸聲依然粗重，只能用尾巴回應我。

第二天，前妻聯絡我說：「牠離開了。」

當然我之前就已經知道會這樣，但聽到前妻說「皮特可能就是在等我們到齊吧」的時候，我還是感到萬分寂寞。

也許是兩人一狗到齊了，皮特才終於可以滿心歡喜地前往那個世界。

「慢走，我們會再會的。」

送走牠的寂寞，讓我流下了眼淚。

若是擔心我晚回家，
那你就永遠是我重要的朋友。

STORY

14

桃子

(Momo)

領導者的條件

狗是群居動物，而在群體中，牠們會有一套垂直的階級順序。
對於狗狗來說，群體中的規範（法律）只有一條。
那就是「服從領導者」。
不過，狗的群體和猴群、海豹群不同。
雄性的狗並不會在逐漸茁壯後去挑戰群體的領導者、試圖取代對方。
與之相反的，狗狗在挑選領導者時非常慎重，在下判斷之前，有時甚至會花上兩三年的時間。
然而，一旦狗狗認定某個人類是牠的領導者，牠就會一輩子追隨那個人。
狗狗的行動準則，是「讓自己選擇的領導者開心」。所以，若能被牠認定為領導者，那麼不管對狗狗下達什麼樣的要求，牠都會積極地想辦法達成。
狗狗的理想生活，其實就是和強大的飼主（領導者）一起過日子。
不論對狗或者對人來說，所謂「強大的領導者」，那都是一樣的。
無論發生什麼事情都會保護我們、愛我們，並且具備不會拋棄我們的強大意志，這樣的人，才是「強大的領導者」。

光有溫柔是不夠的。

想要什麼就給什麼的人，和那種為了狗狗健康而會管理牠怎麼攝取營養的人相比，狗狗也是能分得出其中的區別，知道誰才是真正愛牠的人。

重要的是，領導者是否有好好面對群體裡的每個成員。

在群體成員做了什麼好事時，領導者能不厭其煩地好好誇獎他們；反之，當成員做了什麼壞事時，也必須總是諄諄斥責。

和狗狗互動時，最重要的便是持之以恆。

也就是這般堅持不懈、有點令人厭煩的行動，贏得了狗狗的尊敬。

不再需要過去

——飼養十一歲貴賓犬（♀）的四十五歲女性

我從收容所那裡接回一隻九歲的狗狗。由於牠先前的飼育員要歇業的緣故，沒辦法再照顧牠，所以被送到了收容所。

牠名叫桃子，是隻玩具貴賓犬，一身紅色毛髮亂蓬蓬的，有一點皮膚病，鼻頭還禿了一塊。

雖然有點其貌不揚，但我覺得這很有牠的個性、很可愛，於是千拜託、萬拜託我那不太喜歡動物的先生，這才說服他讓我把狗狗接回家。

我們沒有孩子，所以原先非常期待和桃子一起展開新生活，然而在接牠回家的當天，我很快就變得非常焦慮。

回到家的桃子起初還畏畏縮縮地觀察房間，可隨即就表現出許多問題行為。

牠把面紙、電視遙控器、雜誌、襪子、垃圾桶、抱枕等全部咬得稀巴爛；完全無視清潔墊的存在，硬是要尿在地毯的每個角落；玄關的門鈴一響，牠就瘋狂亂吠；不論面對我、我先生還是家具，牠都想要騎上來；只要開了吸塵器，牠就發瘋似地追著跑，若覺得礙事而把牠抱起來，牠就低吼著作勢要咬我們。

整天這樣追著牠、訓斥牠，我們夫妻真是喉嚨都喊啞了、全身痠痛到不行，開始後悔起當初為何要飼養桃子。

養狗原來是這麼辛苦的事情嗎？還是說是那些待過收容所、有了悲傷經驗的狗狗，才會養起來如此辛苦呢？無論答案為何，我們也沒辦法明天就把狗狗退回去收容所。

這時我們才明白，接手一條生命是多麼重大的一件事。

更何況，是我自己說想要養的。

我想要盡我所能，好好地照顧桃子，於是開始瀏覽許多經驗豐富的飼主部落格，展開研究。

其中，我看到了一句話：「只有問題飼主，沒有問題狗狗。」

如果桃子本身沒有問題，那需要改變的不就該是我嗎？也就是說，我必須成為能讓桃子感到安心的領導者才是。

所謂的領導者，不會因狗狗的行為時而歡喜、時而憂心，而是要能夠始終貫徹自己堅定的姿態。

也就是，會為狗狗守護好舒適生存的權利。

一尿尿就會挨罵，桃子自然滿心困惑。所以我們先是把清潔墊鋪滿整個房間，然後慢慢減少清潔墊的數量，讓牠建立起固定的如廁位置。

玄關門鈴一響就讓桃子感到害怕，所以一開始我們乾脆切斷電源，避免有人來按門鈴。

吸塵器一開，桃子就會很興奮，所以我們就改用掃把來打掃房間，讓牠能安穩生活。

如果讓桃子擔心，懷疑起「把自己的性命交給這個人真的沒問題嗎」，那牠就太可憐了。為了改善牠的騎跨行為，我始終不放棄地訓練牠可以對我們露出肚子，告訴牠不用保護這間屋子也沒關係。

至於之後如何呢？就結果上來說，不管我多麼努力，桃子都沒有改變。

即便如此，我依然覺得這一切是值得的，因為有積極與桃子互動，我才得以

發現桃子的左眼有些發白混濁。

當初飼育員跟我們說，那是因為花粉症的緣故，但我們帶牠去動物醫院檢查後，醫生卻說是角膜發炎，已經失明了。除此之外，桃子還有非常嚴重的外耳炎，導致牠的耳朵會不斷分泌耳垢。

醫生也告訴我們，桃子的鼻頭會禿一塊，應該是因為牠在收容所的籠子裡時，只要有人經過，牠就會湊到籠邊拚命磨蹭的關係。

這時我才知道，原來桃子過去九年來處在什麼樣的環境當中，心裡一陣劇痛。

我也終於明白，牠到我家以後表現出那麼多問題行為，其實也是理所當然的。

桃子始終沒有對我敞開心胸。

牠不喜歡去散步，我想摸牠的話，牠就會低吼。

在牠吃飯時，如果我們不小心把手往牠盤子那裡伸，還會差點被咬。

就這樣，我們夫妻與桃子之間，一直有著一些隔閡。

像現在這樣每天照顧桃子的生活，和我所想像的「與狗狗住在一起的生活」，實在天差地遠。

不過我也已經想開了，覺得這樣也好。

我還是會持續對桃子付出我的愛。

為了讓牠安心生活，面對牠時，我始終保持著「這樣也沒問題唷」的態度。

就算我這麼做，桃子還是不親我，那也沒關係。

只要桃子能稍微感到安心，那就足夠了。

我也很努力地把這樣的想法傳達給我先生，所以原本提不起勁照顧狗狗的他，後來也願意幫我一起訓練桃子了。

後來，在桃子十一歲時，發生了一件讓我永難忘懷的事。

那個瞬間，真的來得非常突然。

那天早上，我像往常一樣要出門工作，正打算穿鞋時，桃子默默走到了我身邊。

正想著好難得喔，牠卻突然在我的腳邊翻了個身、肚子朝天。

牠用那水汪汪的眼睛看著我。

我忍不住客氣地詢問牠。

「方便讓我摸摸你的肚子嗎？」

狗狗的肚子，是牠最脆弱的地方。

如果牠願意對你把肚子露出來，那就是狗狗放鬆下來的證明。

我既開心又感動，簡直無法自拔地一

直、一直摸著那毛茸茸的肚子。

牠的肚子隨著呼吸起伏，微微鼓起又緩緩下沉。

狗狗的肚子竟然是這麼溫暖的啊。

這也是理所當然的，畢竟還桃子活著呢。

我甚至忘了要出門上班，就這樣在門口一直摸著牠的肚子。

桃子一臉非常舒服的表情，一直望著我。

生命中的喜悅，
大多源自於信任的感覺。

STORY

15

維琪

(Vicky)

矯正問題行為的方法

在人類社會中生活，有各種各樣的限制與規範，而與人們一同生活的狗狗，也有許多必須遵守的規矩。

如果外頭有人經過就一直狂吠，那會造成鄰里間的困擾；若是有孩子靠近就咬上一口，更是萬萬不能。隨便撿路上腐爛的東西來吃，那也令人頭痛。用髒兮兮的腳撲到別人身上，把人家的衣服弄髒，自然也是不行的。

像是這種時候，多數飼主都會對做錯事的愛犬大聲斥責：「不可以！」或者「NO！」然而光是這樣，還是很難矯正狗狗的行為。

這是因為，狗狗的大腦並不擅長想像或預測。

簡單來說，牠們不太會有「如果我這樣做，就可能會被罵，那還是別做了吧」之類的想法。

牠們能透過留存在記憶裡的經驗，學到自己「這樣做會被罵」；然而，牠們並不會因此就主動想到「所以我不能這樣做」。

那麼，該如何才能夠把那些「會不小心做了壞事」的狗狗，教導成「不會做壞事」的狗狗呢？

答案很簡單。

狗雖然不擅長想像，卻能馬上記住發生的事情。

而且牠們的記憶力非常好。

因此，只要刻意打造出讓牠「沒辦法做」或者「不會去做」那些問題行為的情境，然後稱讚牠們就好了。

如果狗狗胡亂吠叫，加以斥責也不要緊，但在那之後，要立即按住牠的嘴巴、讓牠無法叫出聲，接著馬上溫柔地稱讚牠。

這樣一來，牠就會在學到「叫了就會被罵」這件事之後，又馬上學到「不叫就會被稱讚」這個結果。

想要被主人好好誇獎的狗狗，就會牢記這「開心的經驗」，從而不再亂叫。

想要矯正狗狗跳撲或拉扯牽繩的習慣，也是同樣的道理。在散步時，我們常常會看到有些飼主，一邊被狗狗猛烈拉扯、一邊用力拉回牽繩，還嚴厲地喊著：「不可以！」其實這樣做會產生反效果。因為你一邊責備牠，一邊拉緊牽繩，狗狗反而會更想往遠處跑。

當狗狗拉扯牽繩時，請試著用溫柔的語氣跟牠說「過來啊」或者「來這邊、

來這邊」，同時輕輕地把牽繩拉回來。等到狗狗一走過來，就要立刻大大地稱讚牠。這樣一來，就能讓牠明白「走在主人身邊是件好事」，而不只是單純告知「拉扯牽繩是不對的」。

乍看之下，這似乎是在教導完全不同的兩件事，但最終的結果，就是狗狗在散步時不會再用力拉扯牽繩了。

與狗狗的約定

——與七歲米格魯（♀）一同生活的二十四歲女性

剛出社會獨立生活那會兒，我在母親的建議下，選擇住在一棟與房東同住的公寓。

那棟公寓的建築本身雖然老舊了些，但庭院裡有著西洋風格的長椅和桌子，有房東奶奶種了番茄與小黃瓜的花壇，入口處還養了一隻名叫維琪的米格魯，是個很棒的地方。

公寓裡的氣氛安穩寧靜，不過我搬來的第一天，維琪就中氣十足地對我大叫，嚇得我小小尖叫了一聲。

房東奶奶一直記得這件事，所以我每天下班回來的時候，她都會去拉著維琪，不讓牠往我這裡跑。

維琪經常在叫。像是想要有人帶牠出去散步的時候、有救護車經過的時候、有貓咪或烏鴉跑來附近的時候、有住戶回來的時候、牠肚子餓的時候……不管發生了什麼或有什麼事情，牠都會叫。

我想，維琪會這樣叫也是有牠的理由，或許是想告訴我們什麼吧。

對於維琪的叫聲，我其實沒那麼在意，不過房東奶奶似乎覺得對我有些不好意思，所以每次見面都會跟我道歉說：「我家狗狗真的太吵了，真是抱歉。」

某個星期天，我也沒什麼特別的安排，就懶洋洋地待在房間裡。這時，突然聽見庭院裡傳來「哇呼哇呼」之類的聲音。

往窗外一看，是維琪跟房東奶奶。

房東奶奶看準維琪要叫的瞬間，馬上按住維琪的嘴並喝斥牠：「不行！」

接著，她用非常溫柔的聲音稱讚維琪：「好乖喔，真是好孩子。」

房東奶奶鬆開了按住維琪嘴巴的手，維琪又開始叫，她馬上再次抓住維琪的嘴並責備說：「不行！」

等到維琪安靜下來，她又非常溫柔地稱讚維琪：「好乖~好乖喔。」

就這樣做了好幾次以後，「汪汪」就又變成了「哇呼哇呼」。

維琪直盯著房東奶奶看。

「真是個好孩子呢。」我忍不住說道。

房東奶奶聽到我的聲音，非常開心地告訴我：

「這是我去狗狗禮儀教室學的，這樣牠應該就會比較安靜了。」

為了讓維琪不要遇到什麼事情都亂叫，房東奶奶真的很努力地訓練牠。

當然，房東奶奶這麼做，不只是因為我的緣故，但我的心情還是挺複雜的，不知該說是滿懷感謝，還是慚愧自己給人添麻煩了。

過了兩三天以後，維琪真的就不太會一直亂叫了。

就算是我下班回來，維琪也只會「哇呼」一聲，在打算吠出口的瞬間就猛然閉上嘴巴。

牠抖動著臉頰的肌肉，還偷瞄一旁房東奶奶的臉色。

「維琪好棒喔～」房東奶奶摸了摸維琪，我也跟著一起狂摸牠。

然而不久之後，房東奶奶人就不見了。

原本以為她可能是去旅行之類的，可是一個星期過去，她依然杳無蹤影。正當大家擔心起來時，有個人自稱是房東的妹妹，來告訴我們，房東奶奶住院了。

對方沒有說出具體的病名，不過情況似乎很嚴重，總之是沒辦法輕易出院。

自從公寓交由房東的妹妹代為管理後，維琪又開始亂叫了。

房東的妹妹擔心給公寓住戶添麻煩，所以總會訓斥維琪「吵死了」、「安靜一點」，但維琪就是靜不下來。

一個月過去，房東奶奶還是沒有回來，維琪整天都很寂寞的樣子。

雖然看來房東的妹妹都有帶牠去散步，也都有好好餵牠，但只要維琪身處室外，就會一直叫、一直叫；牠在狗屋裡時，也會一直啃著自己的前腳。

等到房東奶奶終於能回來時，已經是她消失的三個月後了。

房東奶奶回來那天，我特地提早下班，在公寓迎接她回家。

一方面是想慶祝她恢復健康，一方面也是想看看她與維琪重逢的樣子。

與此同時，我也有點擔心維琪。

我聽說，狗狗的時間比人類快四倍。

維琪會不會根本就已經忘記房東奶奶是誰了呢？

如果真的演變成那種情況，我總得在旁邊說幾句安慰的話吧。

房東奶奶回來當天，是由她丈夫推著輪椅送她回來的。

她看起來精神不錯，我也鬆了口氣。然而她與愛犬之間並沒有什麼感人的重逢場景，反而正如我所擔心的，維琪根本沒發現，眼前的人是牠原本的飼主。

牠在狗屋裡狂吠，完全是警戒姿態。

房東奶奶喊了好幾次：「維琪，是我啊！」不過維琪好像還是沒有發現。

房東奶奶雖然還笑著，臉上卻透出一絲寂寞。

我有點不知怎麼開口，只能硬是擠出什麼「不知道是怎麼了呢」、「也許是太久沒見了，牠有點驚訝吧」之類毫無意義的話。

見我們一動不動地待在那裡，維琪一邊低吼，一邊小心翼翼地從狗屋裡走了出來。

就在牠走近房東奶奶腳邊嗅了嗅之後，牠突然「哇呼」一聲。

維琪緊咬牙關，臉頰上的肌肉抖動著。

那是牠忍著不要叫出聲來的表情。

我的視線一瞬間就因淚水而模糊了。

維琪開心極了，尾巴都搖到轉起了圈。

房東奶奶也用力抱緊維琪，一遍又一遍地摸著牠。

雖沒辦法輕易許下承諾，
但只要約定好了，就一定會遵守。

STORY

16

阿連

(Ren)

拚上性命的信賴

狗狗會自己選擇，這輩子要與誰共度。

這種事用不著別人來教，而是牠們本能裡就存在的習性。

因為打算用盡一生、與對方生死相依，所以牠們在選擇上是非常謹慎的。狗狗會認真觀察探究：這個要成為我主人的人，會有多愛我呢？又能夠保護我到什麼樣的程度？這通常需要花上一年的時間，也有的狗狗慎重到需要三年左右，才會做出抉擇。

舉個例子，假如狗狗在洗澡時有些掙扎，主人因此嫌麻煩、乾脆拋開洗毛精不自己洗了，隨意地交給寵物美容店處理。這樣的話，狗狗就會認為「我家的這位飼主，沒辦法守護自家孩子的清潔」。

又或者，明明狗狗身體狀況沒什麼問題，某天卻突然硬是不吃牠平常吃的食物。於是乎，有些擔心的飼主就從冰箱裡拿出美味的肉類點心給牠。那麼，狗狗就會認定，「只要我稍微任性一點，我家這位飼主就會慌慌張張地拿出好吃的給我，是好使喚的部下」。

狗狗會故意表現抗拒、生氣胡鬧、甚至咬人。

一邊這樣做的同時，牠們也在觀察主人的反應，來判斷眼前的飼主，是否真的具有足以守護自己的愛與能力。

這樣的判斷確實很嚴格。不過，若是通過了這項考驗，被狗狗認定是牠可以信賴的人，那麼牠就再也不會動搖。

選定了自己可以信賴的人以後，狗狗就再也不會去看其他對象了。其他的狗、人或群體，對牠來說都已無關緊要。

如果主人告訴牠「等一下」，那牠就會等到至死方休。

對狗狗來說，做出「背叛信任的行為」，遠比做出「冒生命危險的行為」還要困難。

這是我們人類很難做到的事，但凡想這麼做，都需要莫大勇氣。然而這點對狗狗而言，卻再簡單不過。不論是什麼樣的狗狗，都願意把自己的性命，全然地託付給牠信賴的人。

等著你的狗

——照顧年齡不明米克斯（♂）的十四歲女孩

爸媽離婚後，我從城市轉學到了鄉下，但是到了那裡之後，我一直沒能交到朋友。

不論上學、走到體育館或者吃營養午餐時，我總是獨自一人。要說不寂寞，那是騙人的。我也只能告訴自己，「我才不想跟這些鄉下孩子感情多好呢」，勉強讓自己心裡平衡一些。這般逞強裝酷的姿態，班上同學大概也都看在眼裡吧。無論在學校或家裡，大多數時間我都在看書或寫日記，除了媽媽以外，我有好長一段時間不曾跟任何人說話。

有天我放學回家，一個住在同社區裡的男孩突然叫住我說：「我有件事想拜託妳。」

他叫小秀，小我一個年級，我不太清楚他是什麼樣的人，不過他聲音很小、表情陰鬱，感覺上是那種不太顯眼的男孩子。

或許是因為在這麼久之後終於有人跟我搭話而感到開心，又或者是對於他想拜託我什麼樣的事情而感到好奇，我沒有多想什麼，就跟著他走了。

跟著他走了一段後，小秀往附近的後山走去。

我們爬了好一會兒山、還走過草長到得撥開的一段路，才來到一片比較開闊的地方。那裡放著棧板做的木箱之類的東西，旁邊趴著一隻毛茸茸的狗。

那隻狗被打包貨物用的繩子拴著，看起來乖乖的，但全身都是泥巴，連表情都看不清楚。拴著狗的樹枝上還掛著顆棒球，顯然，這裡是小秀的遊戲場吧。

「阿連。」小秀一喊出這名字，那長毛狗就緩緩起身，用彷彿期待著什麼的表情看向我們。

「你就把牠養在這種地方？」我有些擔心地問。結果小秀自顧自地說：「對啊。妳可以幫忙我一起養牠嗎？」接著，他從塑膠袋裡拿出營養午餐的剩飯，放到狗碗裡。白飯、燉菜、烤魚碎片全都混在一起，那隻狗吃得很開心的樣子。

「把狗狗養在這裡不太好吧？」

小秀卻給我一個奇怪的理由：「因為不能養在社區裡啊。」

我又說：「那放牠走比較好吧？」他反駁道：「這樣的話牠很可憐吧。」我們的對話似乎沒有交集，無法取得共識。

再怎麼說，我畢竟沒養過狗，也覺得在後山這種地方養狗並不合適，所以拒絕了他的請託。

然而，我還是放心不下「阿連」，隔天一大早便醒了過來。上學前，我把昨晚家裡吃剩的關東煮裝進塑膠盒裡，帶著它去了後山。

來到昨天那個地方，阿連還是被拴在那棵樹上。

看到我靠近，阿連有些戒備的樣子，但當我把關東煮放到牠腳邊，牠一下子就吃完了。

吃完之後，牠彷彿就此滿足了，看都沒看我一眼就又睡了下去。

後來，我每天都會去看阿連。

我沒有其他朋友，所以早上或放學之後都滿閒的，於是就這樣跟阿連一起度過了很長的一段時間吧。

我每次去都會給牠一些食物，跟牠說說話，也會摸摸牠的下巴和身體。不知為何，我從來沒有遇到過小秀，當然也沒聽過他跟我道謝。最奇妙的是，阿連始終沒有對我表現出親近的樣子。

大概過了一個月左右，我才知道，小秀已經搬家了。知道這件事的隔天，我拿著廚房剪刀去了後山，把綁著阿連的那條繩子剪斷。

「你自由囉，想去哪裡、就去哪裡吧。」

我帶著有些寂寞、有些釋然的心情，打算就此離開。但當我一回頭，卻發現阿連依舊坐在那裡。

雖然我對牠喊著「快點去別的地方吧」，阿連卻直接躺了下來，動也不動。我心想，牠遲早會自己離開的。但隔天我再去看看狀況時，發現阿連還是躺在那裡。

對於自己不再被繩子束縛住這點，牠似乎絲毫不在意。該不會牠還在等著我來給牠送食物吧？想到這裡，我決定不再去看牠了。

梅雨季節開始了，雨下個不停，就這樣過了三天。

我心想，牠肯定已經走了吧，於是又去了趟後山，結果在那裡，看到像是一堆落葉一樣的東西。是阿連。

牠就這樣淋著雨、趴在地上，感覺身體很是虛弱。我把自己帶來的零食遞了過去，但牠只吃了一點，就撇過頭去繼續睡了。

「你快走啊，去別的地方啦。」我幾乎是哭著推了推阿連的背，但不管怎麼推，牠就是不肯離開那裡。

雖然我嘴上說著：「你為什麼不走啊？」但其實我心裡是知道的。

阿連一直在等小秀回來。

也許小秀在他家決定要搬家的時候，就曾打算把阿連放回山裡。

但因為阿連說什麼都不肯走，無可奈何之下，他只好來拜託我了。

事到如今，我也不知真相為何，只能懷著無比難受的心情離開了那裡。我想著，我真的再也不要來後山這裡了。

在不去後山以後，沒過多久，我便融入了班上。

我鼓起勇氣對班上一群同學說「我也想要一起」，他們非常爽快地接受了，真是意想不到地簡單。

融入班級以後，我很快就跟大家打成一片，甚至讓我一度困惑起自己當初怎麼會過得這麼孤單。我和朋友們一起去海邊、去鎮上、去朋友家，每天都玩到聲音沙啞，開心得不得了。

有一天，我碰巧跟朋友們去後山玩耍。

不過那個時候，阿連已不在那裡了。

在那個棧板搭成的狗屋附近，只剩下一顆破破爛爛的棒球。

即使明天就會死去，
今天也依然可以擁有幸福。

STORY

17

小花

(Hana)

狗狗與疼痛

據說，狗在本質上是「相當耐痛的動物」。

實際上還有學者宣稱，狗狗對疼痛的耐受度，比人類強了大概二十倍。

也許是因為牠們要在自然界中追捕獵物、持續奔走，所以才演化出對於疼痛不那麼敏感的身體。

然而，這並不代表牠們完全感覺不到疼痛，該痛的時候還是會痛的。

外傷倒也還好，但牠們對於內臟不適造成的疼痛，會表現得尤為神經質。

狗狗畢竟不像人類能研究、學習疾病的知識，所以就算覺得肚子痛，也沒辦法理解到這是疾病的徵兆

如果是被敵人攻擊而負傷，牠們能明白，這樣的「痛是理所當然」；但是內臟的疼痛對狗狗來說，就像是「被看不見的敵人攻擊」。在感受到疼痛以外，牠們也會因看不到的敵人而感到恐懼。

雖然現代醫學多少能減輕牠們的疼痛，但對於那「看不見的敵人」所帶來的恐懼，藥物終究幫不上忙。

而在這種時候，牠們唯一的救贖，就是「被最重要的人抱在懷中」。當狗狗被自己深深信賴且一同生活的人緊緊抱住，那種因疼痛而對看不見的敵人所產生

的恐懼，也會慢慢緩和下來。「擁抱」這種行為，不僅僅是表達疼愛的愛的表現，也是賦予對方勇氣的源泉。

經歷過大地震而有了恐怖經驗的狗狗，之後也會相當害怕餘震，就算只是小小的晃動，都可能讓牠們全身痙攣、或者出現直發抖的症狀。在這種時候，最有效的治療方法，同樣是「緊緊抱住」牠。

或許，真正能撫平狗狗內心傷痛的，就只有牠摯愛主人的懷抱了。

說不出口的心情

——照護十四歲約克夏（♂）的四十二歲女性

大概是因為，我從小在運動社團這般階級分明的環境中長大吧。面對同在動物醫院裡工作的學妹們，我的態度可能有些過於嚴厲。在指示、叮囑或教導她們時，用字遣詞總是比較嚴苛。

牆壁不厚的休息室裡，時常傳出對我的批評，或是模仿我的無心之言。連我這當事人都能偶爾聽聞，我想，背後的流言蜚語怕是更多。在提及我的壞話中，有些其實是對我的誤解。雖然我年過四十依然單身，但我從未嫉妒過訂了婚的學妹，也不曾想過要掌控所有女性職員。

只是有些時候，我覺得她們會這樣想也無可厚非。

因為我是個完美主義者、責任感又過於強烈。

平時我固然可以教學妹們做事，卻無法放心地把事情全然交給她們，忍不住就會插嘴。若是碰上緊急情況，我又會覺得自己來比較快，結果就是自己動手。

我有時也很討厭這樣的自己。

但每次進到診療室，我還是會變得完全無法容忍學妹們那些小小的錯誤或分心。誇張到這種程度，連我自己都覺得詭異。

我不自覺想起了，那隻名叫小花的約克夏。

小花的飼主是位六十多歲的女性，每次來都把小花裝在粉紅色的外出籠裡。當小花被帶來這家醫院時，因肝功能衰竭引發脫水症狀，牠躺在外出籠裡流著口水、身體微微抽搐，幾乎就要斷氣了。

後來牠撐了過來，但還需要再觀察一陣子。不過，看到意識清醒過來的小花低吼威嚇我時，我反而鬆了口氣。

對狗狗來說，我們這些動物醫院的護理師會壓制住牠們的身體、讓牠們感到疼痛，是一種可怕的存在。所以當小花能夠對我表現出警戒的姿態，恰恰是牠的身體有稍微恢復的證明。

然而面對低吼著的小花，卻有學妹在旁笑鬧著說什麼「唉呀呀好可怕唷」。我實在無法接受這種行為，於是厲聲斥責對方，叫她「會怕就出去」。

之後，我也把了小花的飼主念了一頓。

「妳怎麼會放任牠病到這種程度呢?狗狗是不會自己開口說『我好痛』或者『好不舒服』的。妳真的有好好看著牠嗎?狗狗沒辦法說話，所以好好了解牠的狀況，就是飼主的義務啊。」

我這番話真的說得很嚴厲。

結果害得小花的飼主拚命低頭說「確實如此、妳說得是」，我心裡也不禁後悔，自己是不是把話說得太重了。

這個時候，小花還是一直對著我嗚嗚低吼。

動物醫院的護理師除了被寵物討厭外，通常也很容易被飼主討厭。我想，我就是其中特別討人厭的那個吧。

為了能讓動物接受妥善的治療，什麼被咬、被抓、被吠，對我們來說完全是家常便飯。但是，站在飼主的角度，看見自己深愛的寵物表現出那種前所未見的憤怒樣貌，也難免會覺得動物醫院的護理師非常粗暴。

有次在治療過程中，我被一隻狗咬傷了手臂，告訴飼主這件事後，對方居然還質問我：「我們家的狗狗從來沒有咬過人耶。妳到底是對牠做了多過分的事!

給我從實招來！」每次遇到這種情況，雖然表面上我會向對方道歉，卻從來沒有真的打從心底反省過，因為我相信自己的處置是正確的。

小花就這樣連續跑了好幾個月的醫院，終於有一天，獸醫師對飼主說：「非常遺憾，小花已經沒有多少日子了。」

飼主聽了以後沉默不語。

我也在旁默默地幫小花打針。一直以來，小花都非常抗拒打針，但這一天，牠幾乎沒有任何抵抗。

等到我幫那看起來有些痛苦、躺在那裡呲牙咧嘴的小花打完針後，飼主在離開前，開口問我：「我還能為小花做些什麼嗎？」

我想了想後告訴她：「帶小花去各種牠喜歡的地方吧。還有盡可能陪牠久一點。狗狗對飼主難過的心情非常敏銳，所以陪牠的時候，樣子盡量開朗些。」

飼主默默點點頭，有些寂寞地笑了笑，便離開了。

那天小花剛走，一頭受傷的大型犬就被送了進來。

我馬上做起助手的工作，正打算跟平常一樣「固定」住狗狗的身體，那大型犬卻忽然激動起來，把我的雙手咬得血花四濺。好痛！但我硬是把話給咬在嘴裡、只想拚命做好自己的工作，可是血依然流個不停，連狗毛都被染紅了。我的手完全使不上力，只能試著用全身去壓制牠，但我這樣一直流血也不是辦法，最後還是只能跟其他護理師換手。

「為什麼會讓我家孩子那麼凶暴？是那個護士亂來吧？」

「請冷靜一點，那是因為狗狗受傷了，所以牠才比較激動。」

「是妳們做了什麼過分的事情吧，叫剛才那個護士來給我解釋啊！」

我在隔壁房間聽著這些對話，凝視著手上逐漸被自己的血染紅的紗布。

結果，我的雙手總共縫了十二針。

大約兩個星期，我的傷就已經恢復到不致於影響工作的程度。但不知道為什麼，就是不太想起身去工作，所以又多請了幾天假。

休假期間，我回想起自己國中時候的事。

我在路旁的草叢裡，發現了一隻被車撞到而奄奄一息的流浪狗，於是在牠旁邊蹲了下來。

那時的我不知如何是好，只能悲傷地蹲在牠旁邊，直到牠嚥下最後一口氣。

那流浪狗一直努力到了最後一刻，牠明明可以不用繼續苦撐，卻還是拚命掙扎著、想要活下去。

就是在那時，我下定決心，要成為動物護理師。

然而這一點都不簡單。

要拯救動物的性命好難好難，還要給飼主情感上的支持，同樣難如登天。

比起那些成功救治、感嘆著「真是太好了」的記憶，其他那些痛苦的結局，更是深深烙印在我的腦海。

我在想，也許自己根本無法勝任這個工作。

因為我愛狗狗的心，絕對不輸給任何人。

我真的不想被狗狗討厭。

受傷後一個月，我回到動物醫院。

平常對其他人那麼嚴格，又在工作上惹麻煩，接著居然還休了個長假，如今回到崗位，總覺得非常尷尬。

有天，一位前來動物醫院的年長女性，跟我打了招呼。見她沒有帶著粉紅色的外出籠，我就曉得，小花已經離開了。

在我休假期間，小花好像也只來過一次醫院。

那個時候，小花已不再需要治療了。

這裡畢竟是醫院，不需要治療的話，自然也就不必過來。

我已經歷過許多次這樣的告別，但無論有多少次經驗，也依舊無法習慣。

小花的飼主說：「我是來見妳的。」隨即遞給我一本小小的相簿。

打開相簿一看，在紅通通的楓葉背景下，是小花與飼主臉貼臉的合影。還有小花走在落葉上的背影，以及牠把下巴枕在飼主膝上的臉部特寫。

「這是小花去世前兩天的照片，牠看起來很幸福對吧？」

雖然牠有些消瘦，但照片上還是看得出那種非常開心的氛圍。

「最後一天晚上，牠自己走進了外出籠呢。那孩子一定是明白，如果是妳的話，肯定能讓牠好過一些吧。沒能見到妳真是遺憾。」

我看著飼主的臉。

她的眼裡滿是淚水。

「我記得妳跟我說過吧？因為狗狗沒辦法開口說『好痛』或『好不舒服』，所以飼主得要了解牠才行。」

「是的。」我輕輕點頭。「那時候我實在是非常失禮……」

對方卻握起了我的手。

「所以今天，我要代替小花跟妳說，『謝謝妳』。」

一回神才發現，我也在哭。

而一旦哭了，就根本停不下來。

我就這樣抱著那相簿，哭了好一陣子。

只要曾付出過真摯的愛，
就算你自己忘記了，我也永遠不會忘懷。

STORY

18

小春

(Haru)

無法拋棄的狗

這幾年來，被飼主遺棄後而遭撲殺處置的狗，數量大減。

十幾年前，日本國內每年需要處置的狗超過二十萬隻，最近（二〇一七年）已降到約一萬五千隻左右。

這一方面是因為以前負責處置的設施轉換了方針，另一方面，則是由於覺得「不想要了」而遺棄狗狗的人變少了。

話雖如此，仍舊有一萬多隻狗慘遭遺棄，也是我們無法忽視的現實。

究竟什麼樣的狗會被遺棄呢？是咬了家人的狗？還是會飛撲家人、把人拉倒的狗？是不去散步的狗？又或者是從早叫到晚、讓鄰居感到困擾的狗？然而，有的狗狗不管怎麼咬人撲人、怎麼亂叫，都不曾被遺棄，依然被人珍愛地飼養著。

我們唯一能夠確定的就是，在遺棄狗狗的人當中，其實並沒有討厭狗的人。

因為討厭狗的人，一開始就不會養狗。

會遺棄狗狗的人，其實和我們一樣，都很喜歡狗，也是夢想著要與狗狗共度美好生活的人。

只是在養了他們最愛的狗狗後，在共同生活的過程中，問題一點一點浮現，狀況逐漸失控。不知不覺間，他們與狗狗的心理距離越來越遠，最終到了無法挽回的地步。

因此，當飼主與狗狗間的心理距離漸行漸遠時，如果有家人或朋友能注意到人犬之間的情感變化，主動幫助他們填補這個距離，那麼飼主也就不會感到走投無路，自然也不會遺棄狗狗了。

還有個顯而易見的是，與我們有著許多共同回憶的狗狗，也讓人難以遺棄。與狗狗一起旅行、回老家、跟同樣有養狗的鄰居們一同玩耍，做什麼都好，就是要打造共同的回憶。並不一定要是非常美好的回憶。也可以是羞愧的事情，就算是那種被大家嘲笑的失敗回憶，也沒有關係。

擁有許多共同生活回憶的狗狗，絕對不會被拋棄。

因為，要拋棄與我們有許多共同回憶的狗狗，也就意味著，我們白白失去了自己活過來的那段時光。

狗狗是打造回憶的天才。

或許，這也是牠們為了讓自己成為絕對不會被拋棄的狗狗、使自己短暫的一生得以與主人共度而培養出的智慧吧。

回憶沙發

——聽聞五歲狐狸犬（♀）故事的二十八歲女性

那是我在二手店打工時遇到的事。

有一天，一輛黑得發亮的轎車在店前停了下來，一名讓人感覺有些凶神惡煞的男子，從車裡走出。

男子從車裡拖出一張沙發，在我開口說話前就把它擺到了店門口，並問我：「這你們收嗎？」

震懾於男子的氣勢，我還是「姑且」檢視了一下就這樣被丟在那裡的沙發。

我會這樣說，是因為這沙發不管怎麼看，都是破爛到不行。先別說到處都有洞，有些破裂的地方甚至連沙發芯都跑出來了，整張沙發還臭得跟什麼一樣。

大型家具的買家不多，且店裡空間就這麼一點，像這樣的東西實在太占空間，所以除非是相當受歡迎的品牌貨，或是狀態非常好的家具，我們才會收購。

所以，我只能鼓起勇氣說：「這個有點難呢。」沒想到他只是苦笑著回答：

「我想也是。」隨後他便聊了起來：「這都是狗搞的。」

店裡正好閒著，我也就聽起了他的故事。

本來他養了一隻名叫「小春」的狐狸犬。

而且，他是在禁止飼養寵物的公寓裡偷偷養了五年。只是，原本同居的女友與他分手了，女方搬到一間可以養寵物的寬敞公寓，於是就把小春也帶走了。

我同情地說：「這樣很寂寞呢。」男子卻果斷回答：「走了才清靜。」

小春很黏他的女友，跟男子卻一點都不親，完全不聽他的話。不管怎麼罵、怎麼跟牠說「不行」，小春還是一直抓沙發、啃椅腳，還老是跑到沙發上小便。

「唉呀，牠走了真的是清靜太多啦。」

男子說得一副曾深受其害的模樣，所以我想，如今不必在意狗狗之後，他應該很開心能買張新沙發了吧。我立即向他推薦了店裡一張深藍色的沙發，他看了看也豎起大拇指說：「喔，這不錯呢！」感覺很喜歡的樣子。

然而，他突然又嘟囔道：「不過這個顏色這麼深，掉毛的話會很明顯吧……」

我狐疑地問：「咦?您打算再養隻寵物嗎？」男子又馬上回答：「啊沒有，對喔，我不用再擔心這種事了。」他臉上露出了有些寂寞的笑容。

最後，他以支付處理費的方式，讓我們接收了他的舊沙發。

這張破破爛爛的舊沙發不是什麼品牌貨，就只是張普通的合成皮矮沙發。

選雜牌沙發，或許是因為飼主希望有個能和狗狗一起放鬆坐下而用不著緊張的地方。

會挑合成皮而非布料或皮革，也可能是因為優先選擇比較耐髒汙和破損的材質。

至於沒有扶手的低椅面，或許也是考量到狗狗跳上去或跳下來的時候，比較不會對牠的腳造成負擔。

正當我一邊想著，這怎麼看都像是為了狗狗而買的沙發，一邊不經意地把椅墊拿起來的時候，卻發現裡面竟然有個東西。

是被壓扁扁的男性用拖鞋。
仔細一瞧，還留著狗狗的啃咬痕跡呢。
我聽說，狗狗會把對於自己來說非常重要的東西藏起來。
一想到牠拚命想把拖鞋藏起來的樣子，我就覺得，小春絕對不是討厭剛才那位男性客人。
「牠走了真的是清靜太多啦。」——
男性客人隨口說出的那句話裡面，其實感覺得出他的愛。
那天不知怎麼的，我遲遲沒有收拾那張沙發的心情，就這樣任它在店門口，望著它好一陣子。

為了能讓你偶爾想起，
於是稍稍留下些痕跡。

STORY

19

馬克

(Mark)

與狗一同生活

近年來在日本，大家逐漸會把「寵物犬」稱呼為「伴侶犬」（Companion Dogs，簡稱CD）。

不同於獵犬或牧羊犬這類從事專門工作的工作犬，所謂的伴侶犬是一種統稱，指的是和普通家庭一同生活的狗狗。

「伴侶犬」既然是英文單詞，那這個說法自然是源起於歐美。然而，它的含意在日本和歐美之間，有著些許不同。

這箇中的不同之處，可能就來自於人狗之間互動模式的歷史差異。

對於從很久很久以前就進入森林、以狩獵維生的歐美人來說，狗狗是相當優秀的搭檔。也就是說，狗對他們而言，是追逐共同目標、一起工作的存在。

另一方面，雖然日本也有獵戶，但從事農業的人還是占最大宗，因此對多數人來說，每天主要活動的地點，不是旱田就是水田。

在平地的農務裡，實在沒什麼能讓狗狗大展身手的地方。儘管在某些時代，人們會把狗狗當成看門犬，用以防範犯罪行為之類的。但光是這種工作，也沒辦法讓人們把狗狗視為「搭檔」。

而在目前的日本，狗狗的地位幾乎相當於「家人」。

「搭檔」和「家人」是有區別的。

被當成「搭檔」來飼養的狗，會和人類一起工作，共同決定彼此的價值，若是表現足夠優秀，就會被讚美、被信賴。

另一方面，幫不上忙的「搭檔」，會被鄙棄為人類生活上的包袱，就此被冷落忽視。

然而，被當成「家人」接回來的狗，可就不一樣了。

就像以前日本俗語會說「孩子越壞（笨）就越可愛」，作為「家人」的狗，就算沒辦法好好工作、幫不上飼主任何忙，牠的價值也不會有所改變。不會因為工作失敗、或者無法成功執行主人的命令，就遭到輕視。

經常有人說，「日本和狗狗相關的發展，落後歐美非常多」。

的確，歐美自古以來就把狗當成「搭檔」、是共同生活的關係，因此在社會結構上以及與狗相關的系統、行政方面，都相當進步。

不過從愛護動物的層面來看，我們將狗狗當成「家人」接回家的日式精神，與歐美相比，那是絕不遜色。

就算狗狗沒有做好什麼工作，我們也會與牠們一同生活。

而且，一輩子都珍惜牠們。

就這方面來看，日本的狗狗或許是非常幸福的。

獨一無二的夥伴

——飼養十一歲米克斯（♂）的七十二歲男性

一九七〇年十二月二十四日，那是一個路上積雪反射著淡淡光芒的平安夜。我和妻子當時住在青森縣，在那小小聚落唯一的蛋糕店裡，買了個大蛋糕。我們要把這當成伴手禮，去接一隻獵犬。

我以前是電力公司的員工，與妻子一起住在這被山林溪澗環繞、積雪深深的鄉下辦事處，並在這裡當起了一名獵人。大家聽到獵人可能會覺得有點害怕，但在鄉下地方，村落與害獸的距離其實很近，所以自古以來，地方上會有獵人與獵友會，那也是理所當然的。而獵犬在過往沒有GPS也沒有手機的時代，是非常重要的傳令，也是找尋獵物的感測器，是狩獵方面的重要夥伴。

那時候普遍認為，柴犬是優秀的獵犬。我一聽說有柴犬出生，且牠的父親還是隻相貌端正的黑色柴犬，當時還是業餘獵人、心心念念想要有隻獵犬的我，便想要把牠接回家。我們滿心雀躍驅車前往，車子在雪地裡奔馳，揚起了雪花。可當我終於見到這隻小狗時，牠的模樣卻跟我想像中的柴犬全然不同。

對方遞給我的，是一隻有著鬈曲毛髮、臉蛋看起來有點沒出息的混種西洋犬。可憐的黑色柴犬，被隔壁鎮上那隻喜歡母狗的梗犬給打敗啦。我比那黑色柴犬還要失望，但與此同時，那小狗卻在我妻子懷中睡得正香。回家路上，我還不死心地妄想著，搞不好等牠長大，就會變成黑色的柴犬了呢。但現在回想起來，這隻小狗，應該是我人生中得到過最棒的聖誕禮物了吧。

果不其然，其他獵人都用津輕腔笑著跟我說：「喂電工啊，那醜不拉嘰的狗還不快丟掉！」而我卻始終無法拋棄「搞不好牠有天會變成黑色柴犬」的無謂妄想，仍然憧憬著雜誌《狩獵界》上刊登的名犬。因為希望牠能夠鎖定獵物，我便把牠取名叫「馬克」（mark 在英文裡有標記、目標之意）。

剛開始的訓練至關重要，所以我每天都擺出一副可怕的模樣來教牠握手，但牠怎麼樣就是記不住。隔壁鎮上那隻梗犬的血統也太不中用了！牠的捲毛長到連眼睛和咧嘴笑著的嘴角都遮住了，當地卻沒有寵物美容師能幫忙修剪。如果帶牠去山裡，牠的捲毛總會被植物藤蔓纏住，然後開始嗚嗚地哭，無可奈何的我就只能抱著牠。抱著狗打獵的獵人，這樣子實在丟臉到讓我想哭。

然而某天早上，我在柱子後面偷偷瞧見，溫柔地餵牠吃飯的妻子，居然輕輕鬆鬆就和馬克成功握手。妻子回頭看我時那得意洋洋的笑容，我至今難以忘懷。

馬克雖然還只是隻幼犬，卻看穿了我的逞強，這才故意反抗我過度嚴厲的行徑。後來我開始對牠表現出適當的尊重，牠也逐漸嶄露出獵犬的才能。每當沿著獸徑走時遇到了岔路，牠就會回頭看著我，彷彿在說：「往哪邊走？」等著我下指令。「右邊！」只要指了方向，牠就會毫不猶豫地準確前進。牠是一隻用不著打罵也能好好溝通的狗，甚至就連頭一次聽到「砰」一聲的巨大槍響，牠也全然不怕。我朋友那附了血統證明的雪達犬，在第一次聽到槍聲時，可是直接嚇到跑回家了呢。

說起來，只有住在秋田、青森兩縣交界的那位傳統老獵人，曾仔細端詳過馬克的腳，並對我預言道：「我說電工啊，這可是有狼爪的好狗呢。最適合陪獵懸崖邊的野豬或者是熊啦。」

這個預言在馬克三歲那年應驗了。那天我在山裡，碰上一群城市來的有錢獵人（以下稱他們為布爾喬亞），他們帶著雪達犬、指標犬與不列塔尼獵犬同行。這些名犬一聞到銅長尾雉的「氣味」，就發瘋似地動了起來，各自為了能搶先找到獵物而開始四處搜尋。看牠們以鼻貼地迅速前進的樣子，不愧是名犬，看上去確實不一般。反觀我帶著的，就只是米克斯。

然而前方是相當險峻的山壁懸崖，所以大家說著「只能追到這裡了吧」便打算放棄，那些名犬也準備要下山了。就在此時，崖坡間卻突然有三隻銅長尾雉就這樣啪噠啪噠地飛了出來。正在收拾東西的布爾喬亞們都來不及射擊，我勉強開了一槍，但也沒射中。

「是哪隻狗把銅長尾雉趕出來的？」「是誰的狗啊？」正當大家喊叫的時候，馬克擺著一副「剛剛那個有打到嗎」的表情，從懸崖下爬了上來。

不只是腿力驚人，馬克還非常聰明，就算周遭的狗都放棄、打算離開了，牠還是留了下來，伺機而動。

當其中一個布爾喬亞一邊摸著馬克、一邊讚嘆「真是隻好狗啊」的同時，我心裡不禁湧上一股優越感，卻也驚覺到自己內心深處原來有著「血統情節」。學歷也好、經歷也罷，要是總向上攀比那根本沒

完沒了，而我眼前的這個傢伙把自己的工作做得很好，這樣不就夠了嗎？

之後，馬克又抓到許多獵物，再也沒有人說牠什麼醜不拉嘰了。鎮上的照相館老爹甚至為了沾沾馬克大豐收的喜氣，特地做了一件跟馬克身上毛色相似的背心，給他的獵犬穿。馬克還曾保護我們一家免受蛇以及其他野獸的傷害，也是我孩子們的好兄弟。不過，這些都是後話了。

想成為與你並肩的夥伴，所以會努力幫上你的忙。

STORY

20

小太郎

(Kotaro)

眞正的呼喚

我們要教狗狗的事情有很多，而其中最重要的一項就是「呼喚」。只要狗狗能做到我們「一叫就來」，那就可以避免牠們做出讓人困擾的行為，又或者交通意外之類的重大事故。

「一叫就來」聽起來好像是理所當然、再簡單不過的事。但當狗狗玩得正開心，或者身旁有牠很感興趣的東西、非得去跑去把那氣味聞個夠的時候，真的還能「一叫就來」嗎？

有時候，不論牠摯愛的主人怎麼呼喚牠的名字，狗狗都可能不會馬上過來。實際在遛狗區觀察就會發現，你很難見到飼主叫了一聲，狗狗就馬上跑回來的情況。原因何在？這大致上有兩種可能。

第一個原因是，狗狗在幼犬時期，曾有被叫過來之後挨罵的經驗。比如，飼主發現愛犬在惡作劇，便下意識地板起臉來大喊「過來」，狗狗戰戰兢兢地靠近以後，飼主又補上一句「不行這樣」之類的喝斥。於是乎，狗狗可能因此學到：只要主人叫牠，那就是要罵牠的時候了。

為了教會狗狗聽到呼喚就回來，必須謹記「只要叫過來就一定要稱讚」。說得更誇張些，飼主最好在心裡發誓：「只要叫了過來，無論發生什麼都要誇獎牠。」

第二個原因，則出在教導狗狗「來這邊」的方式。

大部分的人在教幼犬「來這邊」的時候，可能會拍手、給牠看玩具，有時還可能拿出很好吃的零食來吸引牠。等到狗狗過來以後，就很高興地大大誇獎牠。

這種教法乍看很有成效，但事後你可能會發現，這其實是個失敗的教法。這是因為，飼主在說了「來這邊」以後又拍了手，所以狗狗可能只是單純「對聲音感興趣」罷了。

用玩具或零食來吸引牠們，也只是用了狗狗有興趣的東西來進行誘導。狗狗對於那些牠本就感興趣的東西，就算你不叫牠「來這邊」，牠們也會主動靠過來，也就是說，上述方法根本沒有教會牠們「來這邊」的意思。於是，這次因感興趣而過來的狗狗，下一次若聽到了比拍手聲更有趣的聲音，那牠當然就會往那邊跑去。如果有比平常的玩具感覺更新鮮好玩的東西，牠也會往那邊跑。零食也是一樣。如果用零食來吸引牠們，那沒有零食自然就不會靠過來。理所當然的，如果有比零食更好吃的東西在牠身邊，那牠也不會回到飼主那裡。

如果想要教牠「來這邊」的話，正確的方法應該是：在喊了「來這邊」以後，就要馬上把牽繩往自己的方向拉。如果牠乖乖來到身邊了，就盡量誇獎牠。不需要給牠獎品。只要重複這麼做，就能教會狗狗：「來這邊」這句話的意思，並不是讓牠往自己有興趣的聲音或氣味那裡去，而是要來到飼主的身邊。也能讓牠學會：只要一去到飼主身邊，飼主就會很高興，還會拚命誇獎牠。

溫柔的謊言

——飼養一歲甲斐犬（♂）的十四歲女孩

「小太郎跑走啦！」鄰居伯母大喊著。

「這傢伙又來了！」爸爸一邊喊，一邊氣勢洶洶地追了出去。

我家經營中華餐館，而這是我們家早晨常見的景象。

小太郎是隻公的甲斐犬，被養在我們店面的後院。活力十足的牠，特別喜歡啃咬牽繩，讓我們很是困擾。

目前為止，牠已經咬壞了三條牽繩。

就算只是去趟超市之類的地方，臨時將牠拴在外頭一下下，牠也能在轉瞬間咬斷繩子逃跑。由於事情總是發生得太快，我們根本來不及喝止牠。

小太郎剛來我們家時，圓滾滾的樣子就像個絨毛玩偶似的，超級可愛。

所以在小太郎一歲生日那天，我和妹妹一起把存下的零用錢拿出來，為小太郎買了一條非常適合牠的紅色可愛皮牽繩。

那條牽繩細細的，看起來很時髦，和小太郎深棕色的毛色也很搭。

但到了隔天，我們才把牠拴在外頭一下子，小太郎就不見了，只剩下從中被咬斷的紅色牽繩，留在庭院裡。

妹妹大哭著說：「牠是不是討厭我們家了？」那天是小太郎第一次逃走。

小太郎並沒有走失，沒過多久就被老爸拎起脖子抱回家來，不過從那天開始，小太郎就幾度把牽繩咬斷之後逃走。

爸爸每次都會買紅色的細牽繩換上，但是第四次被咬斷以後，也只能換成更粗、更堅固的牽繩了。

小太郎被宛如拔河繩一般的粗重牽繩綁著。

看見那條繩子，妹妹哭著說：「小太郎這樣好可憐。」爸爸只能拚命安慰：「小太郎不會可憐啊。如果用很細的繩子，牠會逃走的。」但妹妹真的非常喜歡小太郎，所以一直哭，結果妹妹還沒哭完呢，小太郎就又逃跑了。

那條超粗牽繩依然漂亮地一分為二。

這讓爸爸不得不好好正視起這嚴峻的現實。

大概花了一個小時左右，在附近找到小太郎以後，爸爸就直接去寵物店，買了那種感覺就是非常誇張的龐克族會掛在身上的鎖鍊，裝在小太郎的項圈上。

想來就算是小太郎，應該也不可能咬斷鎖鍊吧，大家總算是放下心來。

結果第二天一早，我們又聽見鄰居伯母大喊：「小太郎跑掉囉！」店裡後院一整片散亂的泥巴，小太郎竟把木樁給挖了出來，連帶著木樁一起跑了。

當然，那可不是隨便就能挖起來的木樁，小太郎肯定是花了一整晚才把它挖出來的吧。對於這狗這麼有毅力要逃走，與其說是憤怒，我反而覺得非常驚訝。

把小太郎帶回來的爸爸一臉疲憊，而年幼的妹妹則憤怒地對著小太郎大罵：「為什麼要逃走！你為什麼要逃走！」還說：「你討厭我們家了嗎？你想去其它地方嗎？」

小太郎就這樣抬著頭，望著持續怒吼的妹妹。

「就說不行啦！你絕對不可以去其它地方啦！」

妹妹緊緊抱住小太郎，牠嗚了一聲。

那天以後，小太郎就再也不逃走了。

每天早上去庭院看，只會看到小太郎在狗屋的固定位置，把屁股朝外睡覺。

爸爸說：「看來牠懂我們的心情了呢。」

妹妹聽到這話，臉上有點驕傲。

小太郎真的除了散步以外，都乖乖待在家裡了。

這好像是非常普通的事情，但對我家來說簡直就是奇蹟。

之後過了大概一個月，小太郎都沒有逃跑的樣子。

所以當我們提到，「鎖鍊感覺真的很重，這樣下去有點可憐，還是換回繩子做的牽繩吧」，爸爸就拿了新的牽繩回家。

「這是給小太郎的禮物。」

爸爸說著就幫牠換上了以前我和妹妹送

給小太郎的那種時髦紅色皮革牽繩，那是爸爸特地買來的新繩子。

久違的輕巧細緻牽繩氣味，讓小太郎聞了又聞。「看吧！用這個比較好吧！」妹妹說著。

雖然不再聽到那個已經聽習慣的嘩啦啦鎖鍊聲，感覺好像少了點什麼，但小太郎跟紅色皮革牽繩真的比較搭。

就算換成了紅色皮革牽繩，小太郎也沒有要逃走的樣子。

「看來牠真的理解妹妹的愛了呢。」

我在餵小太郎食物的時候忍不住這麼說著，結果在庭院除草的老爸卻神祕地笑了笑。

「難道不對嗎？」

「小太郎那是思春期啦。牠想要更多刺激，所以才會跑到比較遠的地方去。」

思春期？……所以是去找母狗的？

我這時也正好是青春期階段，總是想要尋求一些刺激，想看看遠方的事，那種心情相當強烈。我也曾在放學回家的路上跟男孩子聊天，所以比較晚回家，結果被爸媽責罵。我想，小太郎大概是跟我一樣吧。

爸爸為了解決小太郎的滿腔慾望，所以把散步的距離增加了一倍以上、連散步的次數也增加了。

雖然每天早上開店前都要帶小太郎散步，實在挺辛苦的，不過爸爸說：「總比我一直去大賣場，找堅固的牽繩還是木樁之類的，來得輕鬆吧。」

爸爸現在好像也跟媽媽商量著，要幫小太郎找相親對象。

一邊說著這些話，一邊撫摸著小太郎的爸爸，看起來格外可靠。

想來小太郎的孩子們，一定也會跟絨毛玩偶一樣可愛吧。

如果真的再有一隻狗來我家的話，該怎麼辦呢？

要幫牠取什麼名字好啊？

比起生存的方法，
更想讓你看見如今生活的樣貌。

稱讚狗狗的方法

大家都說，盡量誇獎狗狗，就能把狗狗教好。

不論是看書或者去禮儀教室，也都告訴我們「請經常誇獎牠」。事實上，狗是真的非常喜歡飼主誇獎牠們。我們幾乎可以認定，狗的生存意義就是被誇獎。

不過，誇獎的方法還是要稍微注意一下。

如果告訴飼主「請誇獎一下您的愛狗」，大部分飼主都會毫不遲疑地去撫摸愛犬身上某個特定的地方。

當然，接觸身體本身是沒有什麼問題的。

然而，飼主有時候會沒弄清楚，老是拚命摸著一些對狗狗來說其實不是很喜歡被摸的地方。就算飼主是打算誇獎狗狗，可手摸的位置卻不是狗狗喜歡被摸的地方，那麼，狗狗就沒辦法清楚感受到「自己被稱讚了」。

雖然同樣都是「摸」，但也分為頭上、下巴、耳朵、耳朵後方、脖子、背上等不同地方。摸的方式，也有分來回磨蹭、輕輕拍打、順毛般摸過去、用手亂抓一把等各種方法。

用什麼方式、摸哪個地方會讓狗狗開心，這完全看狗狗自己。同樣是在表達誇獎，如果能用愛犬喜歡的方式，摸牠喜歡的地方，效果自然也會加倍。

那麼，狗狗究竟希望主人摸哪裡呢？

在撫摸的時候，如果牠會拚命搖尾巴、露出很興奮的模樣的話，其實那個地方對牠來說，並不是「希望被摸摸的地方」。

當飼主輕輕撫摸對狗狗來說最棒的地方時，狗狗會半閉著眼睛、一臉享受的模樣。

如果能找到這個地方，那麼在教育狗狗上，就可說掌握八成的成功關鍵了。

後記

在這地球上，人類可說是最強大的存在。

我們有能力任意增加對自己有用的、或是能夠成為美食的動物；反之，對人類「沒有用處」的動物，我們也有能力隨意減少其數量。

但近年來，為了要保護地球環境，我們逐漸了解到，不管是什麼樣的動物，都不會是「沒有用處」的，所以也開始保護那些接近滅絕的動物。然而，人類對動物們的影響力之強，這點仍舊沒有改變。

日本過往的農家裡，一定會有牛和馬。在搬運貨物以及耕田時，牛和馬是相當有幫助的動物，但在這些工作被卡車及農耕機械取代以後，牠們的數量也就減少了。像這些「不再被需要」的動物，通常數量就會被迫減少。

然而，唯獨狗狗例外。

除去部分文化以外，大部分情況下我們不會吃狗，而且現在打獵、看門、拉雪橇等等工作，也幾乎都不需要牠們了，然而狗的數量仍然持續增加。

而且非常不可思議的是，先進國家對於狗的需求，比發展中國家還要高。

這是為什麼呢？

想來是因為狗狗那樣直率真誠、不惜拚上性命的愛，以及一心追求與人類之間的羈絆等行為，一舉一動都讓我們看見那些隨著社會發展而逐漸喪失的東西。

狗狗那種從未改變的態度，有時候會給予我們心靈強烈的震撼。

人類其實是非常脆弱的動物。

沒有同理心和無條件的愛，我們就活不下去啊。

也許狗狗總是在教導我們，要再次想起這些事情。

三浦健太

冰涼的鼻尖、
溫熱的吐息、
軟軟的耳朵、
結實的大腿、
讓人有點痛的爪子、
給人感覺很癢的舌頭、
氣勢十足的屁股、
毫無防備的肚子、
哀傷的眼神、
無比開心的尾巴。

狗狗們啊，
用盡全身力氣，
把滿滿的愛拋給我們。

狗狗帶給我們的，
或許也就只是這樣。

但是，
就是這些東西，
為何會如此地
溫柔又有重量呢？

與狗狗在一起的時光總是短暫。

然而那些日子，
會在我們心中
永遠留存下去。

ECHOES 001

狗狗想傳達的事

儘管如此，狗狗還是只想和你在一起。

犬が伝えたかったこと

作　　者　三浦健太
譯　　者　黃詩婷
總 編 輯　曹慧
副總編輯　邱昌昊
責任編輯　邱昌昊
封面設計　職日設計
內文設計　Pluto Design
行銷企畫　黃馨慧

日文原書編輯團隊
插畫　すずきみほ｜取材・執筆協力　山尾活寛｜業務　二瓶義基／石川亮｜宣傳　岩田梨恵子／南澤香織／三原菜央｜設計　井上新八｜編輯　橋本圭右｜協力　NPO 法人ワンワンパーティクラブ｜發行人　鶴巻謙介

故事篇章協力（依五十音排序）
ayuha／オレンジパンツ／葛西捷廣／葛西真理　／小林家／聖子／　沢希和子／ちいちゃん／成田夕子／文子／松本家明／まほちゃん／三田智子／ yukari

出　　版　奇光出版／遠足文化事業股份有限公司
　　　　　E-MAIL：lumieres@bookrep.com.tw
　　　　　粉絲團：facebook.com/lumierespublishing
發　　行　遠足文化事業股份有限公司（讀書共和國出版集團）
　　　　　www.bookrep.com.tw
　　　　　231 新北市新店區民權路 108-2 號 9 樓
　　　　　電話：（02）2218-1417
　　　　　郵撥帳號：19504465　戶名：遠足文化事業股份有限公司
法律顧問　華洋法律事務所　蘇文生律師
印　　製　東豪印刷股份有限公司
定　　價　380 元
初版一刷　2025 年 8 月
I S B N　978-626-7685-21-1　書號：1LEC0001
　　　　　978-626-7685-22-8（EPUB）
　　　　　978-626-7685-23-5（PDF）

國家圖書館出版品預行編目資料

狗狗想傳達的事：儘管如此，狗狗還是只想和你在一起。／三浦健太作；黃詩婷譯. -- 初版. -- 新北市：奇光出版，遠足文化事業股份有限公司，2025.08
　面；　公分. -- (Echoes；1)
譯自：犬が伝えたかったこと
ISBN 978-626-7685-21-1（平裝）
1.CST：犬 2.CST：寵物飼養 3.CST：通俗文學
437.354　　114008727

線上讀者回函

ECHOES

我們和世界之間，最溫柔的回音。